**Berichte aus dem
Institut für Umformtechnik
der Universität Stuttgart**

Herausgeber: Prof. Dr.-Ing. K. Lange

73

Matthias Weiergräber

Werkzeugverschleiß in der Massivumformung

Mit 36 Abbildungen und 2 Tabellen

Springer-Verlag
Berlin Heidelberg New York Tokyo 1983

Dipl.-Ing. Matthias Weiergräber
Institut für Umformtechnik
Universität Stuttgart

Dr.-Ing. Kurt Lange
o. Professor an der Universität Stuttgart
Institut für Umformtechnik

ISBN-13: 978-3-540-13033-8   e-ISBN-13: 978-3-642-82185-1
DOI: 10.1007/ 978-3-642-82185-1

2362/3020—543210

Die Umformtechnik zeichnet sich durch sehr gute Werkstoffaus-
wertung und hohe Mengenleistung in der Serienfertigung gegenüber anderen Fertigungsverfahren aus, wobei Beibehaltung der
Masse, Änderung der Festigkeitseigenschaften während eines Vor-
gangs und elastische Rückfederung der Werkstücke nach einem
Vorgang wesentliche Merkmale sind. Weiter sind die benötigten
Kräfte, Arbeiten und Leistungen sehr viel größer als z.B. bei
spanenden Verfahren. Die sichere Beherrschung eines Verfahrens
in der industriellen Fertigung und die zunehmende Forderung
nach Vermeidung bzw. Minimierung spanender Nacharbeit erzwingen
die geschlossene Betrachtung des Systems "Umformende Fertigung"
unter zentraler Berücksichtigung plastizitätstheoretischer,
werkstoffkundlicher und tribologischer Grundlagen.

Das Institut für Umformtechnik der Universität Stuttgart stellt
entsprechend Forschung und Entwicklung zum einen auf die Erar-
beitung von Grundlagenwissen in diesen Bereichen ab, zum anderen
untersucht und entwickelt es Verfahren unter Anwendung speziel-
ler Meßtechniken mit dem Ziel einer genauen quantitativen Ermittlung des Einflusses der Parameter von Vorgang, Werkstoff,
Werkzeug und Maschine. Die Behandlung von Problemen des Maschi-
nenverhaltens, der Maschinenkonstruktion sowie der Werkzeugaus-
legung und -beanspruchung, der Auswahl hochbeanspruchbarer,
verschleißfester Werkzeugbaustoffe und schließlich der Tribo-
logie gehört entsprechend ebenfalls zum Arbeitsgebiet, das
durch die Erfassung organisatorischer und betriebswirtschaft-
licher Fragen abgerundet wird.

Im Rahmen der "Berichte aus dem Institut für Umformtechnik" er-
scheinen in zwangloser Folge jährlich mehrere Bände, in denen
über einzelne Themen ausführlich berichtet wird. Dabei handelt
es sich vornehmlich um Abschlußberichte von Forschungsvorhaben,
Dissertationen, aber gelegentlich auch um andere Texte. Diese
Berichte sollen den in der Praxis stehenden Ingenieuren und
Wissenschaftlern zur Weiterbildung dienen und eine Hilfe bei
der Lösung umformtechnischer Aufgaben sein. Für die Studieren-

den bieten sie die Möglichkeit zur Vertiefung der Kenntnisse.
Die seit zwei Jahrzehnten bewährte freundschaftliche Zusammen-
arbeit mit dem Springer-Verlag sehe ich als beste Voraussetzung
für das Gelingen dieses Vorhabens an.

Kurt Lange

Vorwort

Die vorliegende Arbeit entstand während meiner Tätigkeit als wissenschaftlicher Mitarbeiter am Institut für Umformtechnik der Universität Stuttgart.

Herrn Professor Dr.-Ing. K. Lange danke ich für seine Unterstützung bei der Anfertigung dieser Arbeit, sowie für nützliche Hinweise und Anregungen.

Herrn Dr.-Ing. K. Pöhlandt danke ich für die Durchsicht der Arbeit.

Mein Dank gilt ferner allen Mitarbeiterinnen und Mitarbeitern des Instituts für Umformtechnik, die zum Gelingen der Arbeit beigetragen haben.

Die Untersuchung wurde mit Mitteln des Bundesministers für Forschung und Technologie sowie des Arbeitskreises für Entwicklung und Erforschung des Kaltpressens gefördert.

Stuttgart, im Juli 1983

Matthias Weiergräber

Inhaltsverzeichnis

Verzeichnis der Abkürzungen

Allgemeine Zeichen

d	mm	Durchmesser
d_i	mm	Napfinnendurchmesser
d_o	mm	Rohteildurchmesser
F_{St}	N	Stempel(Stauch)-kraft
h	mm	Fließbundhöhe
h_i	mm	Napfinnenhöhe
h_o	mm	Rohteilhöhe
h_{St}	mm	Stempelweg
k_f	N/mm²	Fließspannung
L	mm	Länge
n		Verfestigungsexponent
n_K	min^{-1}	Hubzahl
$\bar{p}_{St}$	N/mm²	bezogene Kraft
R_a	µm	Mittenrauhwert
r_i	mm	Napfinnenradius
R_m	N/mm²	Zugfestigkeit
R_p	µm	Glättungstiefe
$R_{p0,2}$	N/mm²	0,2-Dehngrenze
R_t	µm	Rauhtiefe
R_z	µm	gemittelte Rauhtiefe
W_l	µm	linearer Verschleißbetrag
2α		Stempelstirnwinkel
ε_A		relative Querschnittsänderung
μ		Reibzahl
φ		Umformgrad
$\dot{\varphi}$	s^{-1}	Umformgeschwindigkeit
ϑ	°C	Temperatur

Indizes

A	Fläche
i	innen
max	maximal
St	Stempel
o	Anfangs...

Abkürzungen

HW	Halbwarm
RT	Raumtemperatur
HRC	Härte Rockwell C

Für die fertigungstechnisch ausgereiften Verfahren der Massivumformung stehen leistungsfähige Umformmaschinen für die Groß-
serienfertigung zur Verfügung, die den Einsatz entsprechend
leistungsfähiger Werkzeuge erforderlich machen. Die Wirtschaftlichkeit dieser kapitalintensiven Fertigungsverfahren wird beeinflußt durch hohe Werkzeugkosten einerseits sowie durch indi-
rekte Kosten auf Grund möglichen Werkzeugausfalls und damit ver-
bundener Stillstandzeiten andererseits. Daher müssen Versagens-
fälle am System Werkzeug-Werkstück vermieden oder unterdrückt
werden.

Die wichtigsten Versagenskriterien sind je nach Verfahren und
Umformbedingungen der Bruch des Werkzeuges (Dauerbruch) und
der Verschleiß der Aktivelemente. Der Werkzeugverschleiß beeinflußt die Maßhaltigkeit, Form und Güte des Fertigteils. Das
Überschreiten der geforderten Fertigungstoleranzen läßt nur
einen zeitlich begrenzten Einsatz der Werkzeuge zu. Daher nimmt
unter technischen und wirtschaftlichen Gesichtspunkten die Werk-
zeugfrage eine zentrale Stellung ein. Die Kenntnis des Verschleißverhaltens der Werkzeuge ist Voraussetzung für Maßnahmen zur Verringerung des Verschleißes und damit zur Erhöhung
der Werkzeugstandzeit, Verbesserung der Genauigkeit und Erhöhung der Fertigungssicherheit.

Zur Ermittlung und zur Voraussage von Verschleiß an Umformwerkzeugen für das Massivumformen sind aufwendige Versuchsreihen
oder ein geeignetes Prüfverfahren notwendig. Es hat sich ge-
zeigt, daß Verschleiß nur unter fertigungsähnlichen Bedingungen
ermittelt werden kann, da für konkrete Aussagen hohe Stückzahlen erforderlich sind. Mit Laborversuchen ist eine Aussage nur
dann möglich, wenn ein Meßverfahren mit hoher Genauigkeit zur
Verfügung steht [2]. Dabei besteht jedoch die Schwierigkeit,
die im Labor ermittelten Ergebnisse den einzelnen Fertigungsverfahren der Massivumformung zuzuordnen.

Andererseits ist bei Untersuchungen im Betriebsversuch eine
gezielte Variation von Parametern nur schwer möglich, so daß
eine systematische und umfassende Untersuchung des Gesamtkom-

plexes Verschleiß während der laufenden Fertigung unmöglich erscheint. Es ist daher notwendig, geeignete Verfahren der Massivumformung durch Modellversuche im Labor zu simulieren. Diese Versuche müssen eine Aussage über das Verschleißverhalten zulassen, so daß ein optimales Zusammenwirken von Umformmaschine, Werkzeug und Werkstück angestrebt werden kann.

Zielsetzung und Aufgabenstellung

Ein gezielter Einsatz von Umformwerkzeugen in der Massivumformung wird ermöglicht, wenn bessere Kenntnisse und geeignete Daten über das Verschleißverhalten der einzusetzenden Werkzeug-Werkstück-Paarung vorliegen. Die Ermittlung der Daten wurde mit Hilfe zweier Modellversuche durchgeführt:

- Stauchen zwischen ebenen Bahnen
- Napf-Rückwärts-Fließpressen

Diese Laborversuche werden unter fertigungsähnlichen Bedingungen eingesetzt, wobei die Einflußgrößen auf die Standmenge der Werkzeuge, wie in Bild 1 dargestellt, berücksichtigt werden müssen.

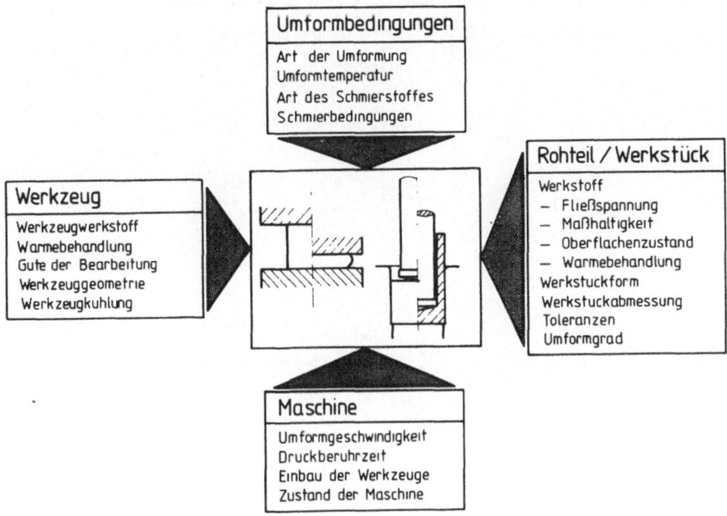

Bild 1: Einflußgrößen auf den Verschleiß von Stauch- und Preßwerkzeugen.

Aus den vier aufgezeigten Gruppen Maschine, Werkzeug, Werkstück
und Umformbedingungen wurden bei der Durchführung der Verschleißversuche folgende Parameter variiert:

- Kombination Werkzeugwerkstoff /Werkstückwerkstoff
- Temperaturbereiche
- Arten der Schmierung
- Hubzahl
- Umformgrade (Stauchen nur ein Umformgrad)

Die Auswertung der unter reproduzierbaren Bedingungen ermittelten Daten soll Aufschlüsse über die Ursachen des Werkzeugver-
schleißes geben. Aufgrund der gewonnenen Erkenntnisse sollen
mögliche Parallelen beider Versuche hinsichtlich des Verschleißverhaltens aufgezeigt und damit ggf. ein geeigneter Versuch
für die Verschleißsimulation festgelegt werden.

In den letzten Jahrzehnten wurden eine Vielzahl von Verschleißprüfverfahren entwickelt, die einerseits die Prüfung von Bau-
teilsystemen für Probleme der Praxis umfassen, andererseits
Modellsysteme für die Ermittlung grundlegender Erkenntnisse
bieten [3, 4, 12, 13]. Diese Verschleißprüfverfahren erfassen
fast ausschließlich die Verschleißproblematik von Maschinenele-
menten, wobei die spezifische Problematik von Umformverfahren
kaum berücksichtigt wird. Die Aussagen der Verschleißprüfverfahren, die meist an ein System zweier elastischer Reibpartner
gebunden sind, lassen sich nicht immer auf die Bedingungen bei
plastischer Formänderung eines Reibpartners übertragen.

Reibung und Verschleiß werden bei den Verfahren der Massivumformung hauptsächlich durch die Flächenpressung, die Relativgeschwindigkeit von Werkstückwerkstoff zu Werkzeug und die
Oberflächenvergrößerung bestimmt und bei Verfahren der Halb-
warm- und Warmumformung zusätzlich durch die thermische Belastung [5, 6]. Hieraus ergibt sich die Schwierigkeit, bei der
Umformung die Verhältnisse in der Wirkfuge mit Modellprüfverfahren praxisnah zu simulieren. Bisher wurden vorwiegend verfahrensbezogene Modellversuche zur Ermittlung des Werkzeugver-
schleißes in der Warmumformung entwickelt. Für die Verschleißermittlung beim Gesenkschmieden wurde das Stauchen zwischen
ebenen Bahnen im Temperaturbereich von 1000 bis 1200 °C eingesetzt [8, 9, 10]. Wegen der Mängel, die sich bei dieser Versuchsdurchführung für das Gesenkschmieden ergaben - geringe Relativbewegung zwischen Werkstück und Werkzeug insbesondere bei großer
Reibung - wurde eine Prüfmethode entwickelt, die praxisnahe
Verschleißversuche beim Schmieden im Gesenk ermöglicht [16].

Im Gegensatz zur Warmumformung existieren für die Kaltumformung
zum einen vereinzelt Kurzzeitmeßmethoden [2], zum anderen Prüfverfahren [15], die jedoch nur bedingt Aussagen ermöglichen.
Schlowag und Quaas [2] konnten durch Aktivierung der Fließpreßstempel im Neutronenfluß den beim Napf-Rückwärts-Fließpressen
vom Stempel auf das Werkstück übertragenen Werkstoff meßtech-
nisch erfassen. Problematisch ist hier die Verknüpfung der Meß-
ergebnisse mit in der Fertigung auftretenden Verschleißwerten.

Kudo und Mitarbeiter [15] entwickelten ein Verfahren der Verschleißprüfung, wobei ein Meißel, der die Werkzeugkante darstellt, Kerben in einen geschmierten Werkstoff ritzt. Die Abnutzung der Meißelkante ist ein Maß für den Werkzeugverschleiß bei der jeweiligen Werkstück-Werkzeug-Schmierstoff-Kombination.

Wegen der verschiedenartigen mechanischen und thermischen Belastung ist es nicht möglich, die Gesamtheit der für Reibung und Verschleiß wesentlichen Einflußgrößen im Modellprüfverfahren zu simulieren und in die Verschleißprüfung einzubeziehen. Es fehlen bisher in der Massivumformung (Kalt- und Halbwarmumformung) realistische verfahrensbezogene Verschleißprüfverfahren, die hinsichtlich der mechanischen und thermischen Beanspruchung, der Bewegungsform und dem zeitlichen Bewegungsablauf sowie der Formänderung eine gute Annäherung an die Verhältnisse bei Verfahren der Massivumformung gewährleisten.

3 Versuchsplanung und -durchführung

3.1 Umformverfahren

Stauchen zwischen ebenen Bahnen

Das Stauchen zwischen ebenen Bahnen ist ein Grundverfahren der Umformtechnik und wird häufig als Modellversuch für theoretische Untersuchungen eingesetzt. Aufgrund der einfachen Werkzeugausführung und Vorgehensweise bietet sich dieses Verfahren auch für die experimentelle Untersuchung des Verschleißverhaltens der Werkzeuge an, mit der Möglichkeit, eventuell auftretende Parallelen zum Verschleißverhalten bei anderen Massivumformverfahren aufzuzeigen.

Für die Versuchsdurchführung wurde der Umformgrad

$$\varphi = \ln \frac{h}{h_o} = -1,1$$

gewählt. Unter Beachtung der Verfahrensgrenzen konnte bei der Kaltumformung mit einem Umformgrad $\varphi = -1,1$ die Rißbildung am Umfang der Werkstücke gerade noch vermieden werden.

Napf-Rückwärts-Fließpressen

Im Gegensatz zum Stauchen liegen beim Napf-Rückwärts-Fließpressen die größten Maximalwerte für die Flächenpressung Relativgeschwindigkeit und Oberflächenvergrößerung vor [5], so daß bei diesem Verfahren große Werkzeugbelastungen zu beachten sind. Es wurde eine rel. Querschnittsänderung von

$$\varepsilon_A = \frac{A_o - A_1}{A_o} = 0,45,\ 0,6,\ 0,71$$

festgelegt. Die verschiedenen rel. Querschnittsänderungen wurden durch Verändern der Stempeldurchmesser bei gleichbleibendem Außendurchmesser verwirklicht.

3.2 Versuchswerkzeuge

In den Bildern 2 und 3 sind die Versuchswerkzeuge dargestellt. Bei gleichem Grundgestell unterscheiden sich die Werkzeuge in den Werkzeugaktivteilen und den Befestigungselementen. Die Werk-

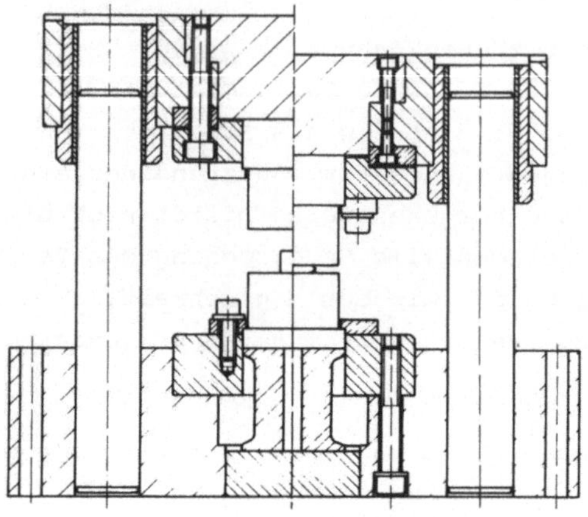

Bild 2: Versuchswerkzeug für das Stauchen.

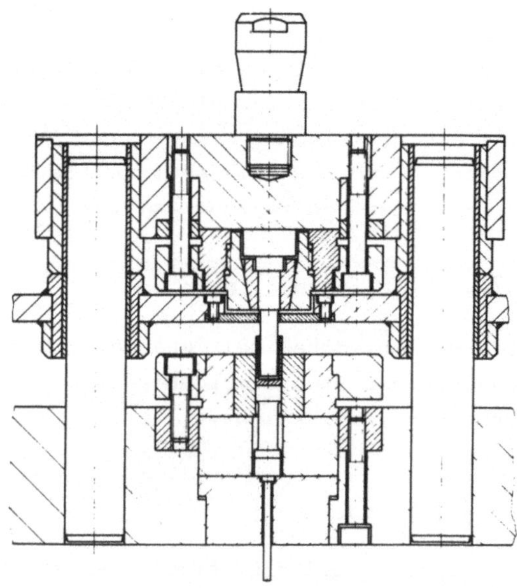

Bild 3: Versuchswerkzeug für das Napf-Rückwärts-Fließpressen.

zeuge wurden bei der Kaltumformung und bei der Halbwarmumformung eingesetzt. Da bei den Verschleißversuchen durch den hohen Durchsatz eine stationäre Werkzeugtemperatur erreicht wird, wurde bei der Halbwarmumformung auf eine kontinuierliche Vorwärmung der Werkzeuge (Stauchbahnen) verzichtet. Die Werkstoffauswahl erfolgte entsprechend der jeweils zu erwartenden mechanischen und thermischen Beanspruchung. Es wurden folgende Werkstoffe ausgewählt:

Kaltumformung

- Stauchbahnen:
        Schnellarbeitsstahl S 6-5-2   gehärtet auf 63-64 HRC
        Kaltarbeitsstahl X 155 CrVMo 121   gehärtet auf 61-62 HRC

- Fließpreßstempel:
        Schnellarbeitsstahl S 6-5-2   gehärtet auf 63-64 HRC
        Kaltarbeitsstahl X 155 CrVMo 121   gehärtet auf 61-62 HRC

- Preßbüchse:
        Kaltarbeitsstahl X 155 CrVMo 121   gehärtet auf 60-61 HRC

- Schrumpfring:
        Warmarbeitsstahl X 40 CrMoV 51   gehärtet auf 54-56 HRC

Halbwarmumformung

- Stauchbahnen:
        Schnellarbeitsstahl S 6-5-2   gehärtet auf 63-64 HRC
        Warmarbeitsstahl X 63 CrMoV 51   gehärtet auf 58-59 HRC

Das Ausgangsteil und Werkstück sowie die Geometrie und Abmessung der Stauchbahn sind in Bild 4 und die des Fließpreßstempels in Bild 5 dargestellt.

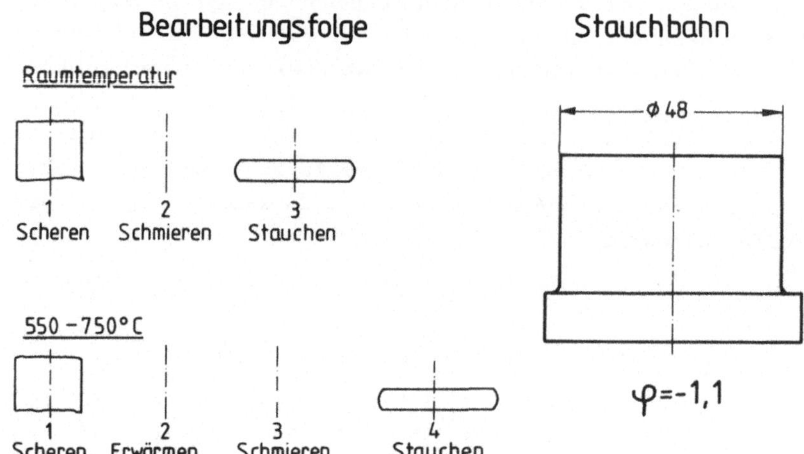

Bild 4: Ausgangsteil, Werkstück, Werkzeug und Bearbeitungsfolge beim Stauchen.

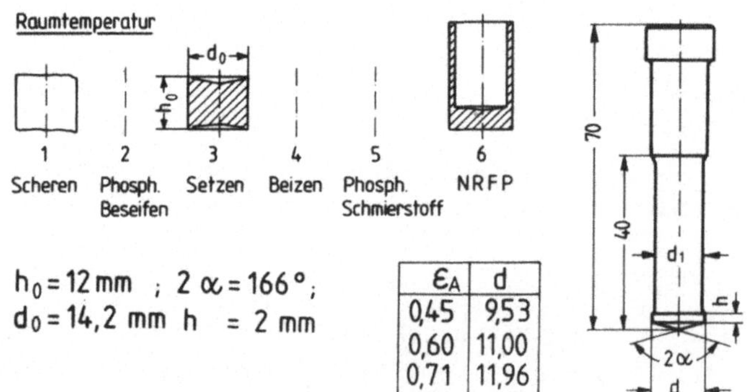

$h_0 = 12\,\text{mm}$; $2\,\alpha = 166°$;
$d_0 = 14,2\,\text{mm}$ $h = 2\,\text{mm}$

ε_A	d
0,45	9,53
0,60	11,00
0,71	11,96

Bild 5: Ausgangsteil, Werkstück, Werkzeug und Bearbeitungsfolge beim Napf-Rückwärts-Fließpressen.

3.3 Werkstückwerkstoff

Für die Versuche wurden in Abhängigkeit von der jeweiligen Um-
formtemperatur folgende Werkstückwerkstoffe gewählt.

Kaltumformung: Ck 15, 20 MnCr 5
Halbwarmumformung (550 - 650 °C): 20 MnCr 5, 42 CrMo 4

Tabelle 1 gibt die chemische Zusammensetzung, Tabelle 2 die wichtigsten mechanischen Kennwerte der Werkstückwerkstoffe an.

Tabelle 1:

Werkstoff	Werkstoff-Nr.	chem. Zusammensetzung							
		C	Si	Mn	P	S	Cr	Mo	Al
Ck 15	1.1141	0,15	0,27	0,54	0,006	0,012	–	–	0,01
20 MnCr 5	1.7147	0,22	0,27	1,23	0,015	0,028	1,06	–	–
42 CrMo 4	1.7225	0,4	0,25	0,57	0,017	0,023	0,95	0,23	–

Tabelle 2:

Werkstoff	Oberflächenhärte nach dem Scheren HV 10	Härte im Kern nach dem Scheren HV 10	Kennwerte Anfangsfließ-spannung k_{fo} N/mm²	Verfestigungs-exponent n	Zugfestigkeit Rm N/mm²
Ck 15	227	116	240	0,19	391
20 MnCr 5	253	140	270	0,2	502
42 CrMo 4	283	179	320	0,22	626

Die verwendeten Werkstückwerkstoffe wurden direkt vom Walzwerk
als rohgewalzte Stäbe nach DIN 1013 mit einem einheitlichen
Durchmesser von 14 mm in geglühtem Zustand (GKZ) bezogen.

Die Ausgangsteile wurden zunächst nach Gewicht (14,3 ± 0,1 g)
abgeschert und je nach Umformverfahren weiterbearbeitet.
Aus Bild 4 ist die Bearbeitungsfolge für das Stauchen und aus
Bild 5 die für das Napf-Rückwärts-Fließpressen ersichtlich. Beim
Napf-Rückwärts-Fließpressen wurde in Stichversuchen nach dem
Setzen zwischengeglüht.

3.4 Schmierstoffe, Schmierung und Oberflächenbehandlung

Für die Verschleißuntersuchungen wurden in der industriellen
Fertigung häufig eingesetzte Schmierstoffe ausgewählt, wobei
unter Beachtung der Temperaturbeständigkeit für die Kalt- und
Halbwarmumformung unterschiedliche Schmierstoffe verwendet wurden.

Als Schmierstoffträgerschicht wurde für die Kaltumformung eine
Zinkphosphatschicht von 12 bis 15 µm aufgebracht.

Schmierstoffe für die Kaltumformung

Handelsbezeichnung	Wirkstoffe nach Herstellerangaben	Mischungsverhältnis Schmierstoff/Wasser
Z-1 B	Zinkseife, chlor- u. schwefelfreie Additive	8 Gew. % in Wasser
Dechelub VP 4787	EP-Additive auf Basis Schwefel- und Chlorkomponenten in Fettölen	
Molydag 16	wäßriger Schmierstoff auf Graphit/MoS_2-Basis	18 - 20 Vol. % in Wasser
DAG 522	Graphitkonzentrat/ Mineralöl	

In der Halbwarmumformung werden häufig wäßrige Graphitlösungen
und Graphit-Öl-Mischungen eingesetzt. Diese Schmierstoffe er-
füllen die Anforderungen für das Umformen bei höheren Temperaturen durch niedrige Reibzahl, gute Benetzungsfähigkeit, Haftung
und ausreichende Temperaturbeständigkeit.

Schmierstoffe für die Halbwarmumformung

Schmierstoff	Wirkstoffe nach Herstellerangaben	Feststoffgehalt Teilchengröße Misch.Verh. in Wasser
DAG 5119	Graphit in Mineralöl	10 % - 1 : 5
Delta 144	Graphit und anorganische Substanzen	40 % 1 - 10 µm 1 : 5
Sumidera 182	Graphit und Fettöle	10 % 1 - 8 µm 1 : 5

Es wurde eine reine Werkzeugschmierung durchgeführt. Der Schmierstoff wurde durch Aufsprühen auf die Stauchbahnen aufgebracht (Bild 6).

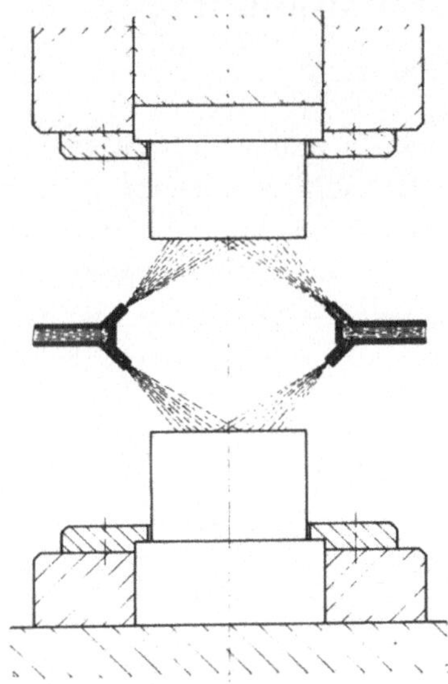

Bild 6: Schmierstoffsprühung beim Stauchen (Halbwarmumformung).

Sprühbedingungen

	Stauchen
Sprühdruck	5 bar
Sprühabstand	30 mm
Sprühwinkel	45 °
Sprühdauer	0,5 sec
Schmierstoffvolumen	0,5 cm³

3.5 Temperatur

Entsprechend der Aufgabenstellung sollten die Verschleißuntersuchungen bei Raumtemperatur und im Temperaturbereich der Halbwarmumformung durchgeführt werden. Die Wahl der Rohteiltemperatur[1] erfolgte in Abhängigkeit von den vorgegebenen Versuchsbedingungen, unter Berücksichtigung der zu verpressenden Werkstückwerkstoffe. Um einerseits bei zu niedrigeren Temperaturen den
Bereich der Blausprödigkeit andererseits bei zu hohen Temperaturen verstärkte Zunderbildung und Rotbrüchigkeit zu vermeiden,
wurden folgende Temperaturen festgelegt:

$$\vartheta = 550, \ 650, \ 750 \ °C$$

Die Erwärmung erfolgte in einem widerstandsbeheizten Rohrdurch-
stoßofen "PEDE" der Firma Deutschmann. Die Temperaturkontrolle
wurde durch die Messung beim Austritt des erwärmten Teiles vorgenommen, wobei die Temperatur so eingestellt wurde, daß nach
dem Einlegen des Teiles die jeweilige Rohteiltemperatur vorlag.
Die durch die Regelung des Ofens bedingten Temperaturschwankungen betrugen etwa 30 °C.

Obwohl mit dem eingesetzten Ofen keine kurzzeitige Erwärmung
möglich war, konnte die Zunderbildung, die verstärkt erst ab
800 °C einsetzt, vernachlässigt werden. Vorteilhaft wirkten
hier die enge Durchführung der Teile durch den Ofen sowie die
gewählten Temperaturen. Die Durchlaufzeit eines Teiles betrug
bei Erwärmung auf 750 °C ca. 6 min.

---

[1] Rohteiltemperatur = Temperatur des Teiles am Ofenausgang

3.6   <u>Meßeinrichtungen</u>

Während des Umformvorganges bzw. unmittelbar danach wurden

Kraft, Weg und Temperatur

elektrisch gemessen.

Die Kraftmessung wurde beim Napf-Rückwärts-Fließpressen über
die Zuglasche der eingesetzten Kniehebelpresse vorgenommen, da
der Einbau eines Kraftmeßkörpers in das Fließpreßwerkzeug aus
Platzgründen nicht möglich war. Auf der Zuglasche waren zur
Halbbrücke geschaltete Dehnungsmeßstreifen so angebracht, daß
während der Umformung die Umformkraft über die Auffederung der
Maschine gemessen werden konnte. Der Nachteil dieser Meßmethode
liegt darin, daß die Kraftmessung durch den Maschineneinfluß
verfälscht wird. Ein Vorteil besteht darin, daß bei der Halbwarmumformung der Einfluß der Temperatur auf den sonst notwen-
digen Kraftmeßkörper und die aufgeklebten Dehnungsmeßstreifen
vermieden wird.

Eine Überprüfung der Meßgenauigkeit des Verfahrens wurde beim
Kaltstauchen mit Hilfe eines unmittelbar im Kraftfluß vorspan-
nungsfrei eingebauten Kraftmeßkörpers vorgenommen. Es ergab
sich für die Messungen über die Umformmaschine eine Abweichung,
die im Fehlerbereich der üblichen Meßanordnung mit Kraftmeß-
körpern lag.

Der Stempelweg wurde über einen induktiven Wegaufnehmer
(Fabrikat Hottinger, Typ W 50) gemessen. Die Widerstands- bzw,
Induktivitätsänderungen der Meßwertaufnehmer wurden über Träger-
frequenzmeßverstärker (Fabrikat Hottinger, Typ KWS/II-5) in
analoge Spannungen umgewandelt, verstärkt und einem Licht-
strahloszillographen (Fabrikat Honeywell, Typ Visicorder 906 S)
zugeleitet. Dieser zeichnete die Kraft und den Weg in Abhängigkeit von der Zeit auf.

Die Messung der Teile- und Werkzeugtemperatur wurde als Ober-
flächentemperatur mit einem Eisen-Konstantan-Thermoelement als
Temperaturfühler vorgenommen und unterliegt vom Meßvorgang her
größeren Temperaturschwankungen.

Die Rohteiltemperatur der Teile wurde am Ofenausgang mit einem
Infratherm-Meßumformer überprüft, bevor die Teile der Zuführeinrichtung zugeführt wurden.

3.7 Umformmaschine

Die Versuche wurden auf einer C-Gestell-Kniehebelpresse (Fabrikat MAYPRES, Typ MKN 1-63/6) mit 630 kN Nennkraft und einem
Gesamthub von H = 60 mm durchgeführt.

3.8 Aufbau und Arbeitsweise der Versuchsanlage

Verschleißuntersuchungen unter fertigungsähnlichen Bedingungen
erfordern einen hohen Versuchsaufwand. Es müssen hohe Stückzahlen gefertigt werden, um einen mit konventionellen Meßgeräten
meßbaren Verschleiß zu erzielen. Daher wurde eine Automatisierung
des Versuchsablaufs erforderlich, damit u. a. reproduzierbare
Bedingungen eingehalten werden konnten. In Bild 7 ist der Ver-
suchsaufbau für die Halbwarmumformung schematisch dargestellt.

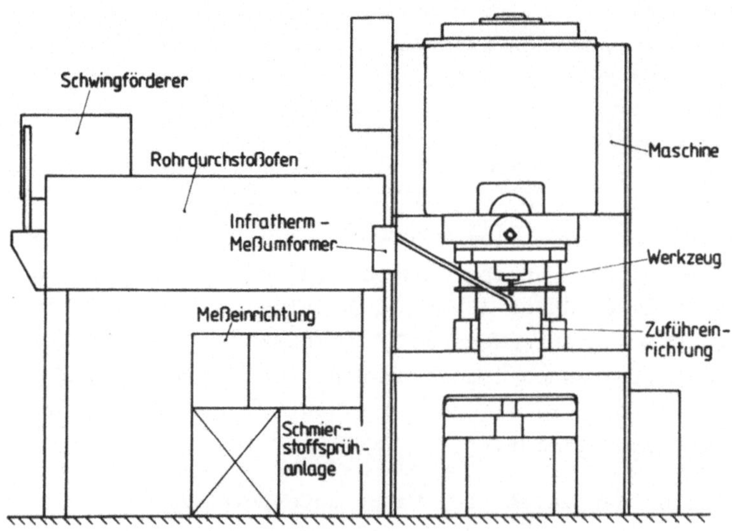

Bild 7: Aufbau der Versuchsanlage.

Der Schwingförderer fördert die Rohteile bis zur Aufnahmestelle des Ofens, wo mittels pneumatisch betätigtem Zylinder die Teile kontinuierlich durch den Ofen geschoben werden. Beim Austritt aus dem Ofen erfolgt die Messung der Temperatur, das Teil gelangt über eine Rutsche in die Auffangstation der Zuführeinrichtung, wo die Greiferschiene das Teil faßt und auf die Stauchbahn bzw. beim Napf-Rückwärts-Fließpressen über die Matrizenöffnung setzt. Beim Napf-Rückwärts-Fließpressen drückt dann der Stempel das Teil in die Matrizenöffnung ein und preßt den Napf. Während der Vorwärtsbewegung der Greiferschiene wird durch die Sprühanlage mittels Druckluft eine definierte Schmierstoffmenge auf die aktiven Werkzeugteile aufgebracht. Nach der Umformung wird das umgeformte Teil durch Druckluft ausgeblasen. Danach erfolgt die Temperaturmessung mit dem Eisen-Konstantan-Thermoelement entweder am Werkstück oder direkt am Werkzeug. Bei der Kaltumformung wird das Teil vom Schwingförderer über eine Rutsche direkt in die Auffangstation der Zuführeinrichtung gefördert.

4   Versuchsergebnisse

4.1   Verschleiß der Stauchbahnen bei Raumtemperatur

Beim Umformvorgang werden durch die Umformkräfte mechanische
Beanspruchungen hervorgerufen, die über die Berührzonen in den
Umformwerkstoff eingeleitet werden. Die Probenstirnseite wird
durch Gleiten und durch Umwölben und Anlegen der Mantelfläche
an die Stauchbahnen vergrößert, wobei der Stofffluß von den
Reibbedingungen abhängt. Durch den Gleitvorgang wird der Druckbeanspruchung eine Scherbeanspruchung überlagert, die durch
das Reibungsverhalten der Gleitpartner beeinflußt wird [19, 20].
Unterschiedlichste Reibungsvorgänge bewirken eine unterschiedliche Verschleißbeanspruchung der Werkzeuge, lassen jedoch keine
größenmäßige Beziehung zwischen Reibung und Verschleiß zu [21].
Für die Verfahren der Kaltmassivumformung werden Reibung und
Verschleiß von den Umformbedingungen in der Umformzone, die
Flächenpressung in der Reibfuge, die Relativgeschwindigkeit
zwischen den Reibpartnern und die Oberflächenvergrößerung des
Umformwerkstoffes bestimmt. Daraus resultieren vielfältige Beanspruchungen der Oberflächenzone von Werkzeug und Stauchkörper,die durch mechanische, metallurgische und geometrische Eigenschaften der Stauchbahnoberfläche sowie durch physikalische und
chemische Eigenschaften der Zwischenschichten beeinflußt werden
[19, 20].

4.1.1   Verschleißentwicklung und Verschleißbetrag

Die Verschleißentwicklung beim Stauchen ist in Abhängigkeit von
der gefertigten Stückzahl durch ein charakteristisches Verschleißprofil gekennzeichnet. Durch Abtasten der Stauchbahnoberfläche mit einem Bezugsebenentaster ergibt sich ein Profil-
schrieb, wie er in Verbindung mit dem Stauchkörper im Ausgangszustand und im Endzustand in Bild 8 dargestellt ist. Die Darstellung verdeutlicht den Ausgangs- und Endzustand des Stauchkörpers über das aufgenommene Verschleißprofil bei 15000 gefertigten Teilen.

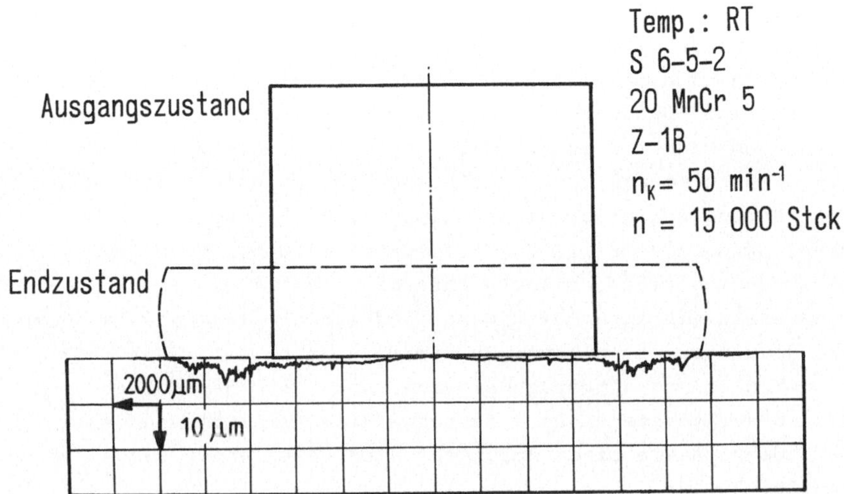

Bild 8: Verschleißprofil der Stauchbahn bei Raumtemperatur.

Von der Stauchbahnmitte aus ist nach beiden Seiten bis zum
Kantenbereich des Stauchkörpers im Ausgangszustand eine schwa-
che Zunahme des Verschleißes zu erkennen. Erst über den Ausgangs-
radius hinaus ist eine deutliche Auskolkung der Stauchbahn festzustellen, die zum Randbereich des Stauchkörpers im Endzustand
hin abnimmt und in einen Bereich übergeht, wo nur noch ein geringer Stauchbahnverschleiß vorliegt.

Entscheidend für dieses Verschleißverhalten sind Reibungsvorgänge und Verschleißmechanismen, die im Rahmen dieser Arbeit
nur qualitativ durch Beobachtungen des Umformvorgangs, des
Stauchkörpers und der verschleißbeanspruchten Stauchbahn erfaßt
werden konnten. Mitverantwortlich für den jeweiligen Reibungszustand und die Verschleißbeanspruchung ist der Ausgangszustand
des Stauchkörpers. Die Ausgangsteile wurden mit der abgescher-
ten Stirnfläche für die Versuche eingesetzt, so daß die dadurch

bedingte große Rauhigkeit der Stirnseiten und die nicht planparallelen Stirnflächen bei der Verschleißbeurteilung berücksichtigt werden müssen. Die Rauheitsspitzen durchstoßen beim
Umformvorgang die aufgebrachte Schmierstoffschicht, so daß es
zu einer Annäherung der aufeinander gleitenden Flächen kommt.
Bei diesem Mischreibungszustand kommt es in mikroskopischen
Bereichen zu metallischer Berührung. Der Mischreibungszustand
kann während der Umformung in einen Grenzreibungszustand übergehen und danach örtlich zu Festkörperreibung führen. Als wirkender Verschleißmechanismus kann im wesentlichen der Adhäsionsverschleiß angenommen werden, dem noch ein abrasiver Vorgang überlagert sein kann. Es kommt aufgrund der Adhäsionskräf-
te zu örtlichen Kaltverschweißungen und einem nachfolgenden Los-
trennen der vorstehenden aufgeschweißten Partikel von der
Stauchbahn, sowie einem Abscheren sich berührender Rauheitsspitzen [20, 22].

Zur Deutung des in Bild 8 dargestellten Verschleißprofils müssen unter der Einwirkung der jeweils vorherrschenden Flächenpressung mehrere sich überlagernde Einflüsse herangezogen werden. Wegen der fehlenden Relativgeschwindigkeit in der Stauchbahnmitte ist dort kein Verschleiß festzustellen. Die Verschleißausbildung nimmt vom Bereich der Stauchbahnmitte zum
Randbereich des Ausgangsteiles aufgrund der dort größeren Relativgeschwindigkeit geringfügig zu. Im Randbereich wird durch
den Einfluß der Kante des gescherten Teiles eine rasche Verdünnung und Trennung des Schmierfilms wirksam. Dieser Effekt
wird durch das Anlegen der walzharten Mantelfläche an die
Stauchbahn verstärkt, so daß in Verbindung mit der vorherrschenden Relativgeschwindigkeit der maximale Verschleiß verursacht
wird.

Für die Auswertung der Ergebnisse wurden mehrere Profilschriebe
(Bild 9) über die Stauchbahnfläche aufgenommen und aus den

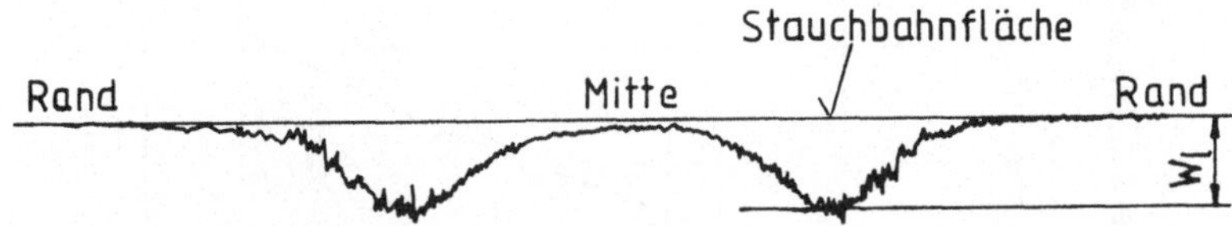

Bild 9: Verschleißbetrag beim Stauchen.

Maximalwerten des linearen Verschleißbetrages W_1 ein Mittelwert
gebildet. Der Mittelwert aus den Profilschrieben der unteren
und oberen Stauchbahn wird in der folgenden Ergebnisdarstellung
als linearer Verschleißbetrag W_1 dargestellt.
Diese Mittelwertbildung war auch bei den Untersuchungen im Temperaturbereich der Halbwarmumformung zulässig, da bei den vorliegenden Versuchsbedingungen keine eindeutigen Unterschiede in
der Verschleißausbildung zwischen oberer und unterer Stauchbahn
festzustellen waren.

In Bild 10 ist der lineare Verschleißbetrag W_1 über der gefertigten Stückzahl n aufgetragen. Nach einer festgelegten Anzahl
von gefertigten Teilen wurde jeweils der Verschleißbetrag ermittelt und der Verschleißfortschritt in Abhängigkeit von der
Stückzahl bestimmt. Für die so ermittelten Ergebnisse ergibt
sich bei den vorliegenden Versuchsbedingungen ein nahezu lineares Verschleißverhalten.

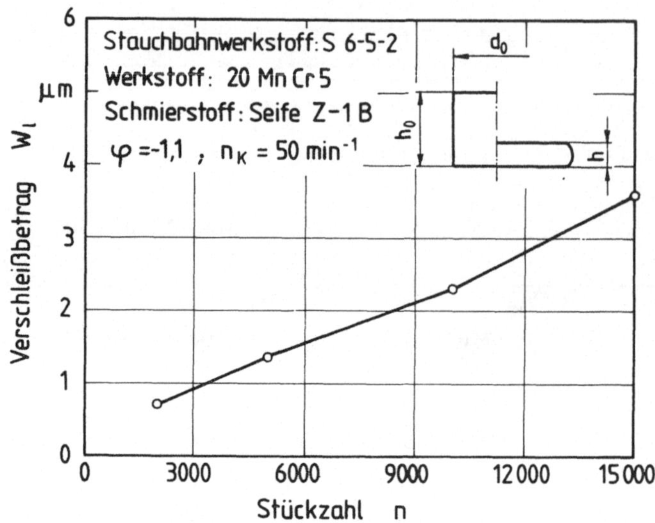

Bild 10: Verschleißentwicklung in Abhängigkeit von der Stückzahl.

4.1.2 Einfluß des Schmierstoffes

Das Auftreten hoher Drücke und die Ausbildung neuer Oberflächen
bei der plastischen Verformung stellt besondere Ansprüche an
den einzusetzenden Schmierstoff. Unter Berücksichtigung der
Forderung nach hoher Druckbeständigkeit, gutem seitlichem
Zusammenhalt und geringem Scherwiderstand erfolgt die Auswahl
für den Einsatz in der industriellen Fertigung nach tribologischen, fertigungstechnischen und wirtschaftlichen Gesichtspunkten.

In Bild 11 ist die unterschiedliche Auswirkung der eingesetzten
Schmierstoffe Seife Z-1 B, Molydag 16 und Dechelub VP 4787 auf
den Stauchbahnverschleiß dargestellt. Es zeigt sich ein lineares
Verschleißverhalten über der gefertigten Stückzahl für alle
drei Schmierstoffe. Darüber hinaus wird durch den in allen Meß-
punkten ermittelten niedrigsten linearen Verschleißbetrag deutlich, daß der Festschmierstoff Molydag 16 die beste verschleiß-

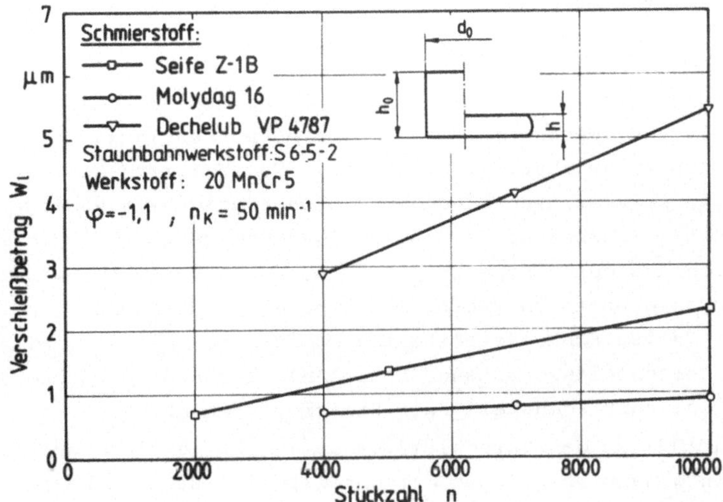

Bild 11:. Stauchbahnverschleiß in Abhängigkeit von der gefertigten Stückzahl für unterschiedliche Schmierstoffe
bei Raumtemperatur.

hemmende Wirkung zeigt. Dieser Festschmierstoff auf der Basis
Graphit/MoS$_2$ weist eine lamellare Schichtgitterstruktur auf.
Die verschleißmindernde Wirkung läßt sich erklären durch die
hohe Druckaufnahmefähigkeit senkrecht zu den Lamellen und den
geringen Scherwiderstand in Richtung der Lamellen.

Das ungünstigste Verschleißverhalten bei den angegebenen Bedingungen ergab sich beim Schmierstoff Dechelub VP 4787. Hier
konnte der optimale Einsatz dieses Schmierstoffes nicht verwirklicht werden, da für diese Zwecke keine ideale Schmierstoffaufbringung möglich war. Daher wurde eine festgelegte Schmierstoffmenge aufgetrommelt. Daraus resultiert eine ungleichmäßige
und oft ungenügende Verteilung des Schmierstoffes auf dem Roh-
teil, wodurch sich ein ungünstiges Verschleißverhalten ergibt. Bei den im Versuchspunkt auftretenden Druckbelastungen
und relativ niedrigen Temperaturen in der Wirkfuge weist auch
der eingesetzte Seifenschmierstoff Z-1 B eine gute verschleißhemmende Wirkung auf. Im Vergleich zum Festschmierstoff stehen
dem schlechteren Verschleißverhalten der Seife die Vorteile
einer besseren Entfernbarkeit nach der Umformung und niedri-

gerer Kosten gegenüber.

4.1.3 Einfluß des Werkzeugwerkstoffes

Je nach der zu fertigenden Teilezahl und der auftretenden Werkzeugbelastung werden in der industriellen Fertigung unterschiedliche Werkzeugwerkstoffe eingesetzt. Für Umformvorgänge mit
nicht zu starker Beanspruchung werden häufig Kaltarbeitsstähle
eingesetzt, insbesondere die 12 %igen Chromstähle. Diese zeich-
nen sich aus durch hohe Härtbarkeit, guten Verschleißwiderstand
und ausreichende Zähigkeit. Bei höheren Belastungen haben sich in
vielen Fällen Schnellarbeitsstähle mit einer hohen Arbeitshärte,
hohem Verschleißwiderstand, hoher Anlaßbeständigkeit und Rotglut-
härte bei zufriedenstellender Zähigkeit bewährt.

In Bild 12 ist das Verschleißverhalten für je einen Werkstoff
aus den genannten Gruppen dargestellt. Es ist zu erkennen, daß
bis zu ca. 7000 gefertigten Teilen die Kurven für den Schnellarbeitsstahl S 6-5-2 und den Kaltarbeitsstahl X 155 CrVMo 12 1
in den Fehlergrenzen übereinstimmen. Erst dann nimmt die Differenz zugunsten des Schnellarbeitsstahles geringfügig zu, so
daß sich gegebenenfalls mit steigender Stückzahl ein geringerer
Verschleiß für den Schnellarbeitsstahl ergibt.

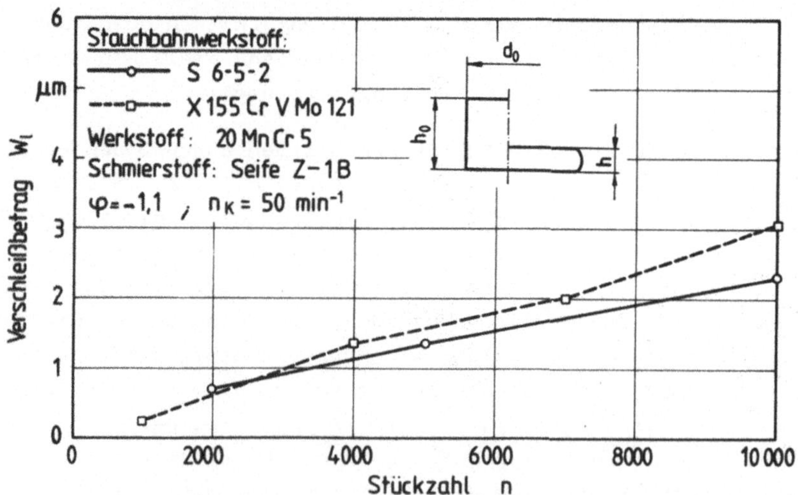

Bild 12: Stauchbahnverschleiß in Abhängigkeit von der gefertigten Stückzahl für unterschiedliche Werkzeugwerkstoffe bei Raumtemperatur.

Aufgrund der geringen Verschleißunterschiede im Bereich der
hier gefertigten Stückzahl kann für das Stauchen, ein Umformverfahren mit nicht zu hoher Belastung, aus Kostengründen der
Stahl X 155 CrVMo 12 1 eingesetzt werden.

4.1.4   Einfluß des Werkstückwerkstoffes

Die gemessene Umformkraft steht in direktem Zusammenhang mit
der Fließspannung k_f des Werkstückwerkstoffes. Eine größere
Fließspannung hat eine höhere Umformkraft zur Folge. Die Abhängigkeit wird in den Kraftberechnungsformeln [6] deutlich.

In Bild 13 sind die Fließkurven der verwendeten Werkstückwerkstoffe 20 MnCr 5 und Ck 15 dargestellt. Bei beiden Werkstoffen
nimmt die Fließspannung k_f mit zunehmendem Umformgrad φ zu.
Entscheidend für die nachfolgende Untersuchung sind jedoch die
unterschiedlichen Fließspannungen der Werkstoffe, die unterschiedliche Werkzeugbelastungen erwarten lassen.

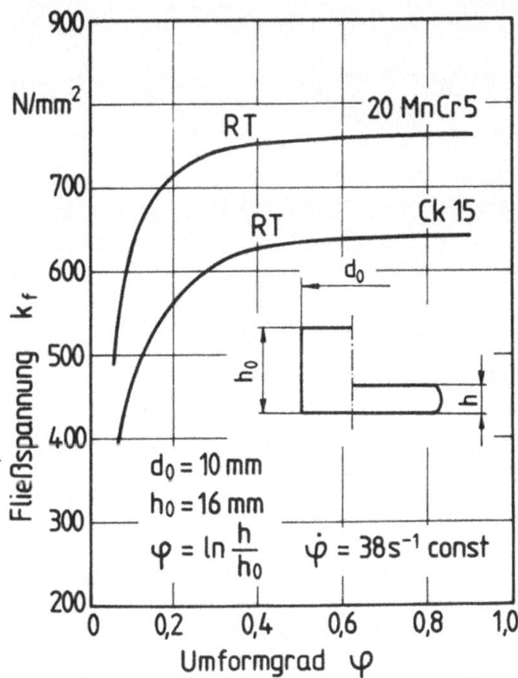

Bild 13: Fließkurven.

Läßt die Anforderung an das Fertigteil den Einsatz eines Werkstoffes mit niedrigerer Fließspannung zu, so kann durch gezielte Auswahl der Stähle die Werkzeugbelastung herabgesetzt und gegebenenfalls ein günstiges Verschleißverhalten erzielt werden. In Bild 14 sind die Auswirkungen der Werkstoffe 20 MnCr 5 und

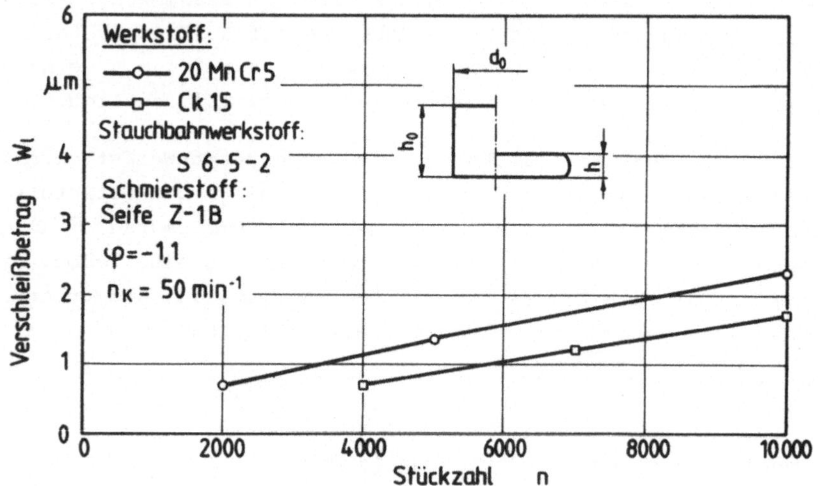

Bild 14: Stauchbahnverschleiß in Abhängigkeit von der gefertigten Stückzahl für unterschiedliche Werkstückwerkstoffe bei Raumtemperatur.

Ck 15 auf den Stauchbahnverschleiß dargestellt. Die Verschleißentwicklung zeigt auch hier einen linearen Verlauf für beide Werkstoffe, wobei sich für den Werkstoff mit höherer Fließspannung (20 MnCr 5) ein höherer Verschleiß ergibt. Demnach hat eine höhere Umformkraft, bedingt durch eine höhere Fließspannung, einen höheren Stauchbahnverschleiß zur Folge.

4.1.5   Einfluß der Maschinenhubzahl

Die Arbeitsgeschwindigkeit ist von großer Bedeutung für die
Wirtschaftlichkeit eines Verfahrens. Hohe Maschinenhubzahlen
ermöglichen die optimale Ausnutzung der Maschinenleistung bei
kurzen Fertigungszeiten. Die Auswirkung unterschiedlicher Arbeitsgeschwindigkeiten ist in Bild 15 dargestellt. Die Umformung bei der Hubzahl n_K = 50 min^{-1} bewirkt einen stärkeren
Werkzeugverschleiß, der möglicherweise auf die gegenüber
n_K = 27 min^{-1} höhere Relativgeschwindigkeit zurückzuführen ist.
Eine genauere Untersuchung der Verhältnisse in der Wirkfuge bei
unterschiedlichen Arbeitsgeschwindigkeiten war im Rahmen der
Arbeit nicht möglich.

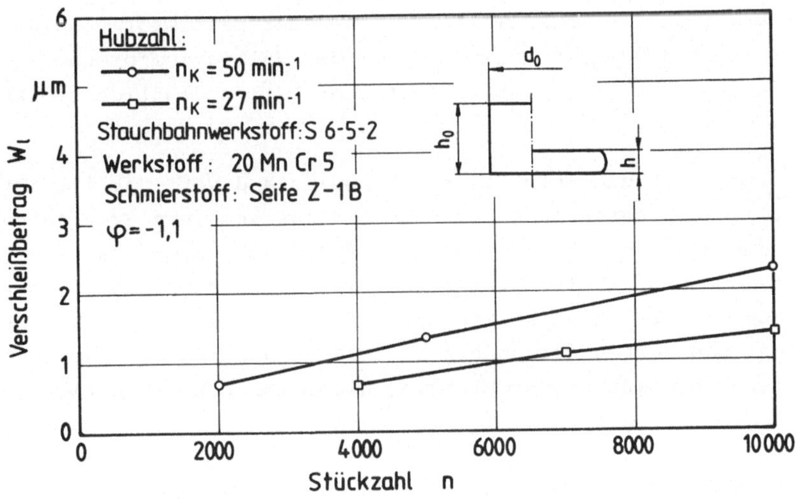

Bild 15: Einfluß der Hubzahl auf den Stauchbahnverschleiß.

4.2   Verschleiß der Stauchbahnen im Temperaturbereich der Halbwarmumformung (550 bis 750 °C)

Der Zweck der Halbwarmumformung ist es, die Vorteile der Kaltumformung, wie größere Genauigkeit und bessere Oberflächenbeschaffenheit, mit den Vorteilen der Warmumformung, kleinere
Umformkräfte und höheres Formänderungsvermögen, zu vereinen.

Die Erwärmung des Rohteils erfolgt in einem Temperaturbereich, bei dem für die gegebenen Umformbedingungen noch eine bleibende Verfestigung des Werkstückwerkstoffes eintritt.

Wesentliche Unterschiede hinsichtlich des Verschleißverhaltens gegenüber der Kaltumformung sind die besonderen Anforderungen an den Schmierstoff und die zusätzliche thermische Belastung der Werkzeuge. Aufgrund dieser Unterschiede ist die praxisbezogene Versuchsdurchführung für den Bereich der Halbwarmumformung nicht unmittelbar mit den Versuchen bei Raumtemperatur vergleichbar.

4.2.1   Verschleißentwicklung

Im Vergleich zum Verschleißprofil bei der Kaltumformung in Bild 8 ist das Verschleißprofil bei der Halbwarmumformung in Bild 16 bereits nach 5000 gefertigten Teilen deutlich stärker ausgeprägt.

Es liegt auch hier ein Mischreibungszustand vor, der mit fortschreitender Verdünnung des Schmierfilms in einen Grenzreibungszustand übergehen kann. Obwohl in der Stauchbahnmitte keine Relativgeschwindigkeit wirksam ist, liegt ein geringer Stauchbahnverschleiß vor. Dies könnte auf den Einsatz der nicht planparallelen, gescherten Stauchkörper zurückgeführt werden, wodurch während der Versuchsdurchführung nicht immer ein zentriertes Aufsetzen auf die Stauchbahn gewährleistet war. Mit zunehmender Relativgeschwindigkeit nimmt der Stauchbahnverschleiß zu. Im Bereich des Verschleißmaximums kann die höhere Relativgeschwindigkeit und große Berührdauer für die Verschleißausbildung ausschlaggebend sein. Der geringere Verschleiß im Randbereich läßt sich durch die Abnahme der Normalspannung und der Berührdauer erklären. Als Verschleißmechanismus kann auch hier hauptsächlich der Adhäsionsverschleiß angenommen werden, dem evtl. abrasive Vorgänge überlagert sind.

Das Verschleißmaximum liegt für alle im Temperaturbereich der Halbwarmumformung durchgeführten Versuche unter der Ausgangsfläche des Rohteils. Diese Verlagerung des Verschleißmaximums

im Vergleich zur Kaltumformung (vgl. Bilder 8 und 16) kann
durch die unterschiedlichen Schmier- und Reibbedingungen und
die zusätzliche thermische Beanspruchung verursacht werden.

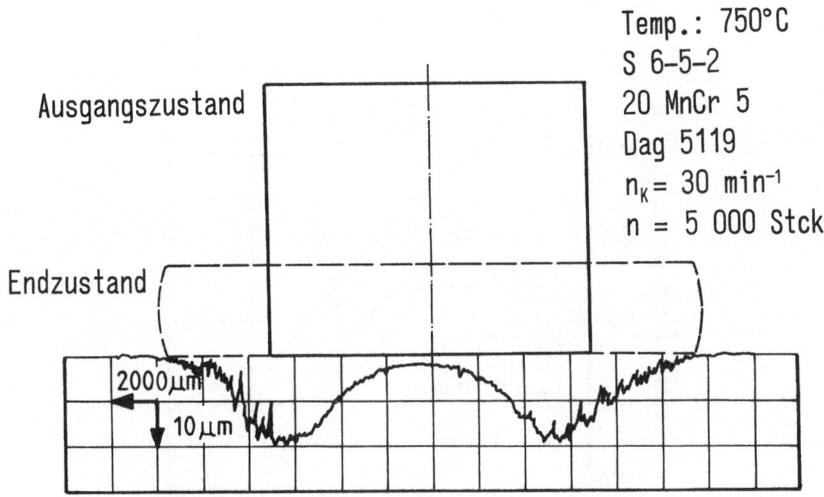

Bild 16: Verschleißprofil bei der Halbwarmumformung.

4.2.2 Einfluß der Temperatur

Niedrigere Umformkräfte bei der Halbwarmumformung sind eine
Folge der im Vergleich zur Kaltumformung niedrigeren Fließspannung, die neben den Einflußgrößen Werkstoff und Umformgrad
wesentlich von der Temperatur und der Umformgeschwindigkeit
abhängt.

In Bild 17 ist die Abhängigkeit der mittleren Fließspannung
k_{fm} von der Temperatur für die Werkstoffe 20 MnCr 5 und
42 CrMo 4 dargestellt. Ersichtlich nimmt die mittlere Fließspannung der Werkstoffe mit zunehmender Temperatur stark ab.
Für 42 CrMo 4 ergibt sich eine höhere mittlere Fließspannung,
wobei die Differenz der Kurven mit zunehmender Temperatur klei-
ner wird.

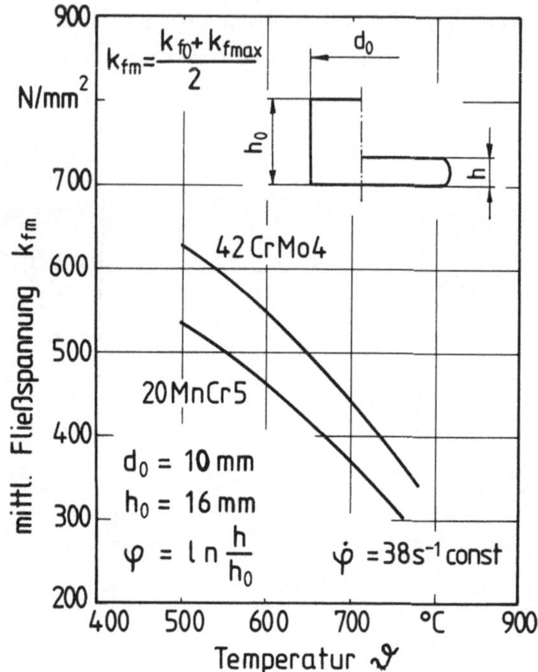

Bild 17: Mittlere Fließspannung in Abhängigkeit von der Temperatur.

Infolge der niedrigeren Fließspannung bei zunehmender Temperatur sinkt die Umformkraft. Es ist jedoch nach dem Stauchkraftverlauf über der Temperatur in Bild 18 keine gute Übereinstimmung zwischen der Stauchkraft und der Fließspannung festzustellen. Ursachen für die geringere Abnahme der Stauchkraft im Vergleich zur mittleren Fließspannung können die unterschiedlichen Umformbedingungen, Temperaturschwankungen beim Umformvorgang und ungünstige Reibbedingungen sein.

Die Auswirkung der Temperatur auf den Stauchbahnverschleiß in Abhängigkeit von der gefertigten Stückzahl ist in Bild 19 dargestellt. Der Verschleiß nimmt mit steigender Stückzahl zu, wobei für die jeweils höhere Temperatur auch der größere Verschleiß festzustellen ist. Ein großer Unterschied im Verschleiß-

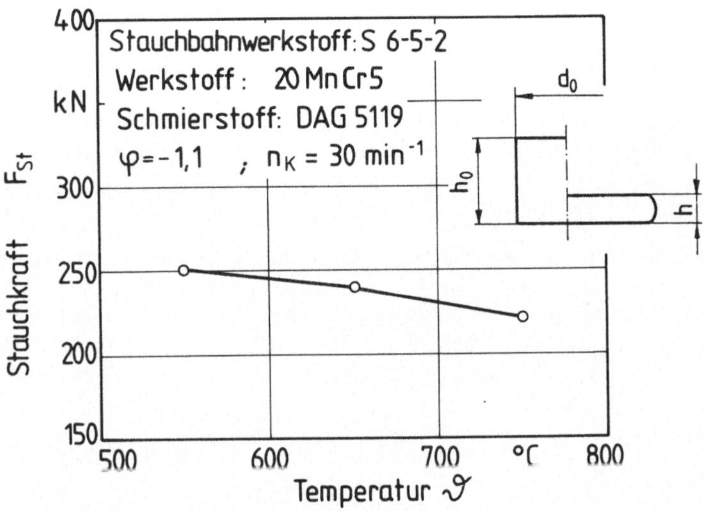

Bild 18: Stauchkraft in Abhängigkeit der Temperatur.

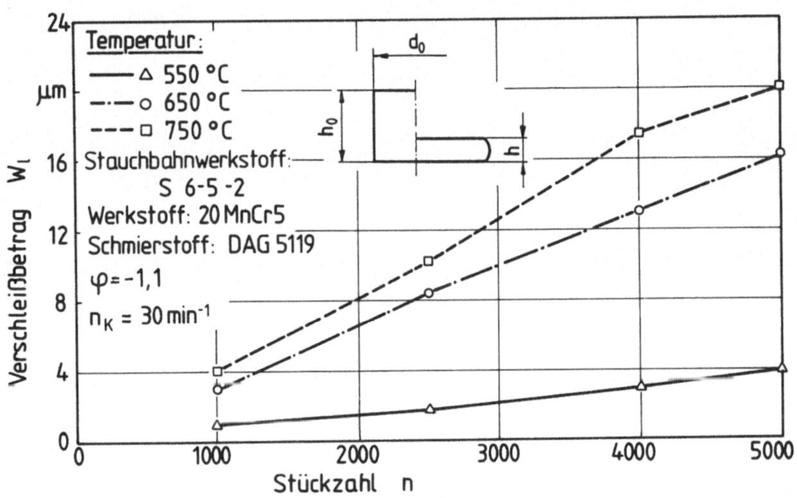

Bild 19: Stauchbahnverschleiß in Abhängigkeit von der gefertigten Stückzahl bei unterschiedlicher Temperatur.

betrag besteht zwischen 550 °C und 650 °C, nicht dagegen zwischen 650 °C und 750 °C.

Da mit zunehmender Temperatur die Umformkräfte abnehmen, die thermische Beanspruchung des Systems Werkzeug-Werkstück-Schmierstoff jedoch zunimmt, muß für den größeren Werkzeugverschleiß bei höheren Temperaturen die thermische Belastung als dominierende Einflußgröße angenommen werden.
In Bild 20 ist die maximale Stauchbahntemperatur in Abhängigkeit von der gewählten Rohteiltemperatur dargestellt.

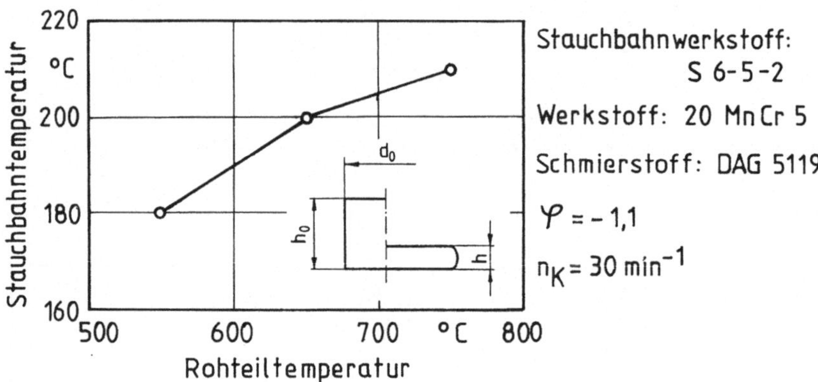

Bild 20: Stauchbahntemperatur in Abhängigkeit von der Rohteiltemperatur.

Aus dieser Darstellung wird die zunehmende thermische Belastung der Werkzeuge mit steigender Rohteiltemperatur deutlich. Die Stauchbahntemperaturen wurden nach dem Umformvorgang gemessen.

4.2.3   Einfluß der Werkstückwerkstoffe

Die Abhängigkeit des Verschleißes von der Temperatur ist auch
aus Bild 21 gut ersichtlich. Der Vorteil geringerer Umformkräfte und somit geringerer mechanischer Belastung wird durch
den Nachteil hoher thermischer Belastungen hinsichtlich des
Verschleißverhaltens aufgehoben. Ebenso wie bei der Kaltumformung
kann die Werkzeugbelastung durch den Einsatz von Werkstoffen
mit niedriger Fließspannung vermindert werden. Zum Vergleich
sind in Bild 21 Werkstoffe mit unterschiedlichen Fließspannungen gegenübergestellt. Nach Bild 17 ist aufgrund der größeren Fließspannung für 42 CrMo 4 mit größeren Werkzeugbelastungen
zu rechnen, die in Verbindung mit dem thermischen Einfluß einen
größeren Werkzeugverschleiß erwarten lassen. Diese Erwartung
wird durch Bild 21 bestätigt. Beim Einsatz von 42 CrMo 4 wurde

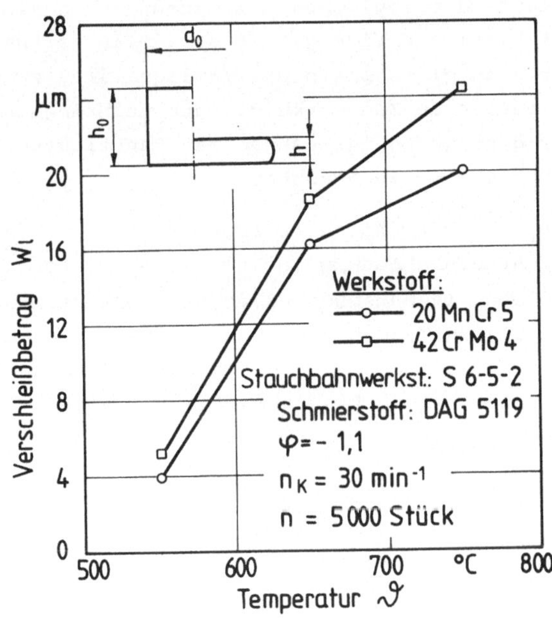

Bild 21: Stauchbahnverschleiß in Abhängigkeit von der Temperatur für verschiedene Werkstückwerkstoffe.

im ganzen Temperaturbereich ein größerer Verschleiß beobachtet. Bei 550 °C ist die Verschleißdifferenz zum 20 MnCr 5
gering. Mit zunehmender Temperatur wird sie jedoch größer,
so daß bei Verwendung des Werkstückwerkstoffes 20 MnCr 5 bei
hohen Temperaturen eine erhebliche Standmengenverbesserung erzielt werden kann. Ausschlaggebend ist hierfür eine geringere
mechanische Beanspruchung als Folge niedrigerer Umformkräfte.

4.2.4   Einfluß des Schmierstoffes

Die Auswahl der Schmierstoffe für die Halbwarmumformung erfolgt
unter Berücksichtigung der in Abschnitt 3.4 genannten Anforderungen. Darüber hinaus sind weitere Eigenschaften zu berück-
sichtigen, um einen möglichst störungsfreien automatisierten
Fertigungsablauf zu ermöglichen. Im wesentlichen sind für eine
automatisierte Serienfertigung, die gerade in der Halbwarmumformung für eine gleichbleibende Teilequalität zweckmäßig
ist, eine ausreichende Kühlwirkung, gute Aufbringungsmöglich-
keit und eine geringe Beeinflussung der Funktionsteile durch
Schmierstoffrückstände zu beachten.

Die Auswirkung drei verschiedener Schmierstoffe auf das Verschleißverhalten der Stauchbahnen ist in Bild 22 dargestellt. Für DAG 5119
und Delta 144 ist ein Unterschied im Verschleißverlauf erst bei
ca. 3000 gefertigten Teilen zu erkennen. Danach nimmt der Werkzeugverschleiß für den Schmierstoff Delta 144 geringfügig stärker zu. Ein geringerer Werkzeugverschleiß wird für Sumidera 182
deutlich.

Grundlegende Schmierstoffuntersuchungen wurden hier nicht vorgenommen. Für die Schmierstoffe Delta 144 und Sumidera 182
wurden für das Gesenkschmieden detaillierte Untersuchungen
über den Zusammenhang von Werkzeugtemperatur, Reibung und Verschleiß in [16] durchgeführt. Danach wurde für Delta 144 bei
steigendem Verschleiß eine Abnahme der Reibzahl festgestellt,

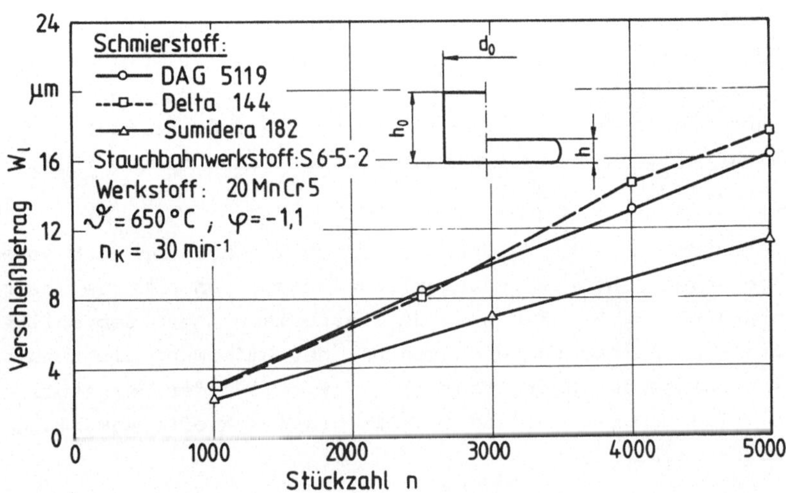

Bild 22: Stauchbahnverschleiß in Abhängigkeit von der Stückzahl bei verschiedenen Schmierstoffen.

die bei einer Werkzeugtemperatur von 220 °C ihr Minimum erreicht. Als Ursache wurde die Bildung von Reaktionsschichten
angegeben. Für den Schmierstoff Sumidera 182 wurde ein tendenziell gleicher Verlauf von Reibzahl und Verschleiß über
der Werkzeugtemperatur festgestellt, wobei die Verminderung
von Reibung und Verschleiß auf die trennende Wirkung der
Schmierstoffschicht zurückgeführt wird.

Der Schmierstoff DAG 5119 basiert auf ähnlichen Wirkstoffen
wie Sumidera 182. Mit entscheidend für die Güte der Schmierung
sind Faktoren wie Korngröße, Kornverteilung, Dispersionsver-
mögen und Viskosität, so daß Unterschiede in diesen Einflußgrößen ein unterschiedliches Verschleißverhalten bewirken
können. Die gemessenen Werkzeugtemperaturen von 175 °C bei Delta 144, 195 °C bei Sumidera 182 und 210 °C bei DAG 5119 geben
in dieser Reihenfolge die abnehmende Kühlwirkung der Schmierstoffe wieder.

4.2.5   Einfluß des Werkzeugwerkstoffes

Die Halbwarmumformung stellt neben dem Schmierstoff hohe Ansprüche an den Werkzeugwerkstoff für die Aktivelemente. Um einen wirtschaftlichen Einsatz zu gewährleisten, sind Voraussetzungen erforderlich, die die Verwendung von Kaltarbeitsstählen völlig und die von Warmarbeitsstählen nahezu völlig ausschließt.

Der einzusetzende Werkzeugwerkstoff sollte bei den noch vorherrschenden hohen Belastungen eine ausreichende Härte (beim Fließpressen z. B. 58 bis 60 HRC) aufweisen. Außerdem sollten auftretende Spitzentemperaturen bei der Umformung nicht zu einer Abnahme der Härte führen. Zudem sollte der Werkstoff eine weitgehende Unempfindlichkeit gegen schroffe Abkühlung aufweisen [23].

Kaltarbeitsstähle entfallen aufgrund der geringen Anlaßbeständigkeit, Warmarbeitsstähle bis auf wenige Ausnahmen wegen der zu niedrigen Härte, so daß unter Beachtung der Rißempfindlichkeit bei schroffer Abkühlung evtl. nur ein Schnellarbeitsstahl in Frage kommt.

Für die Verschleißuntersuchung wurden der Schnellarbeitsstahl S 6-5-2 und der Warmarbeitsstahl X 63 CrMoV 5 1 ausgewählt. Bei diesem Warmarbeitsstahl kann nach [24] mit einer Anlaßtemperatur von 500 °C eine Härte von 58 - 59 HRC erreicht werden, die gerade den Mindestanforderungen für die Halbwarmumformung genügt.

Das Verschleißverhalten dieser beiden Werkstoffe und der Einfluß auf die Standmenge ist in Bild 23 dargestellt. Im linken Bildteil ist die erheblich größere Verschleißentwicklung gegenüber dem Schnellarbeitsstahl S 6-5-2 ersichtlich.

Das gewählte Standzeitkriterium von W_1 = 15 μm ist für den Warmarbeitsstahl schon nach ca. 1000 Teilen erreicht, jedoch für den Schnellarbeitsstahl S 6-5-2 erst nach ca. 4600 Teilen. Diese große Standmengenverbesserung beim S 6-5-2 im Vergleich zum Warmarbeitsstahl wird in dem Säulendiagramm im rechten Bildteil deutlich

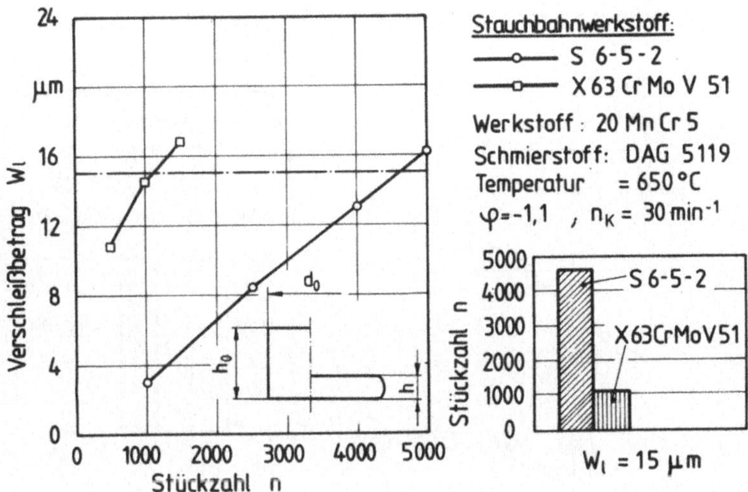

Bild 23: Einfluß der Werkzeugwerkstoffe auf den Stauchbahnverschleiß.

Härtemessungen an den Stauchbahnen ließen beim Schnellarbeitsstahl S 6-5-2 keinen Abfall der Härte erkennen. Dagegen wurde
beim Warmarbeitsstahl X 63 CrMoV 5 1 ein Härteabfall ermittelt,
so daß eine Härteabnahme durch örtliches Überschreiten
der Anlaßtemperatur bei der Umformung nicht ausgeschlossen werden kann.

4.2.6   Einfluß der Maschinenhubzahl

Die Auswirkung der Druckberührzeit auf den Stauchbahnverschleiß
wird in Bild 24 deutlich. Bei einer Maschinenhubzahl von
n_K = 40 min^{-1}, bei der im Vergleich zu n_K = 30 min^{-1} eine kür-
zere Druckberührzeit vorliegt, ist nach 5000 gefertigten Teilen
ein geringerer Werkzeugverschleiß festzustellen, der wie im
Säulendiagramm ersichtlich, zu einer geringen Standmengenverbesserung beiträgt. Im Gegensatz zu den Ergebnissen bei der
Kaltumformung ist hier die größere thermische Beanspruchung
durch die längere Berührdauer für den größeren Werkzeugverschleiß maßgebend.

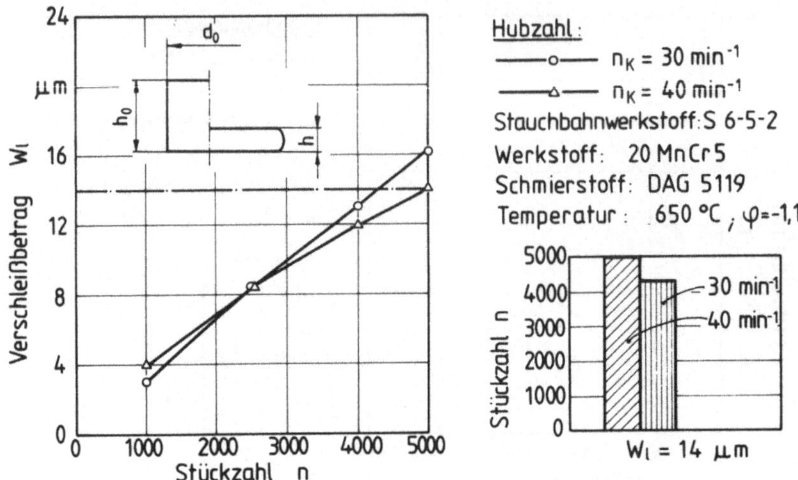

Bild 24: Einfluß der Hubzahl auf den Stauchbahnverschleiß.

Aufgrund der Ofenauslegung war eine Versuchsdurchführung mit
höheren Maschinenhubzahlen nicht möglich, so daß größere Unterschiede in der Druckberührzeit nicht realisiert werden konnten.
Das Ergebnis bestätigt jedoch die Erfahrung aus der Praxis,
daß die Druckberührzeit einen entscheidenden Einfluß auf den
Werkzeugverschleiß und damit auf die Standmenge hat.

4.3 Stauchkraft und Kraft-Weg-Verlauf

Mit fortschreitendem Verschleiß wird die Oberflächenbeschaffenheit der
Stauchbahn an den Kontaktflächen verschlechtert. Dies führt
zu ungünstigen Reibverhältnissen, die sich in einer Stauch-
krafterhöhung auswirken können.

In Bild 25 ist die maximale Stauchkraft über der gefertigten
Stückzahl für die bei Raumtemperatur eingesetzten Schmierstoffe aufgetragen. Ersichtlich liegt bei den Schmierstoffen Dechelub VP 4787 und Seife Z-1 B mit dem größeren Werkzeugverschleiß

(s. Bild 11) ein geringer Anstieg der Stauchkraft über der
gefertigten Stückzahl vor. Dagegen bleibt beim Festschmierstoff
Molydag 16, der Schmierstoff mit einer sehr guten verschleiß-
mindernden Wirkung, die Stauchkraft über der Stückzahl konstant.

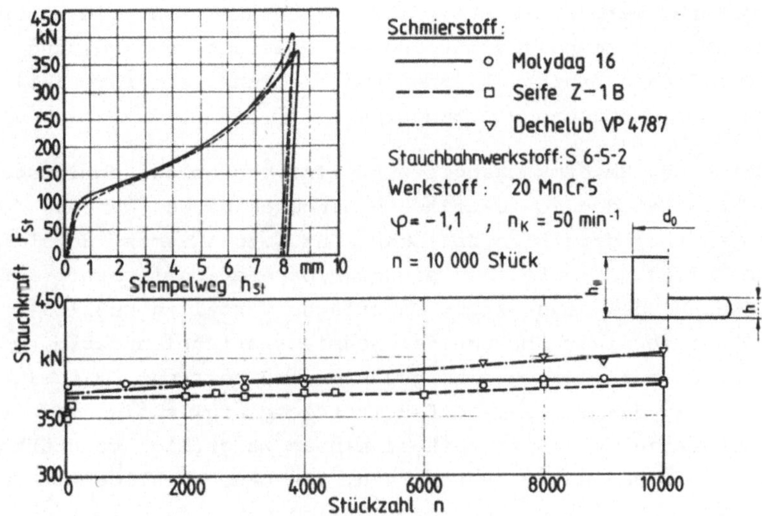

Bild 25: Kraft-Weg-Verläufe und Stauchkraft über der Stückzahl
bei unterschiedlichen Schmierstoffen.

Im oberen Teil des Bildes 25 sind die Kraft-Weg-Verläufe beim
Einsatz der jeweiligen Schmierstoffe aufgetragen. Bis auf die
Größe der maximalen Stauchkraft weisen die Kraft-Weg-Verläufe
keine deutlichen Unterschiede auf.

Für den Bereich der Halbwarmumformung wurde ebenfalls in Abhängigkeit von der jeweiligen Verschleißentwicklung ein Anstieg
der Stauchkraft über der gefertigten Stückzahl deutlich, wobei
in jedem Versuchspunkt eine schlechtere Oberflächenbeschaffenheit im Vergleich zur Kaltumformung festgestellt wurde. Rück-
schlüsse vom Kraft-Weg-Verlauf auf den Stauchbahnverschleiß
waren auch hier nicht möglich.

4.4   Verschleiß der Fließpreßstempel bei Raumtemperatur

Unter der Einwirkung einer großen Flächenpressung, Relativgeschwindigkeit und Oberflächenvergrößerung ist der Fließpreßstempel beim Napf-Rückwärts-Fließpressen das höchstbelastete
Werkzeugteil. Aufgrund der Relativbewegung zwischen Werkstoff
und Werkzeug werden die beeinflußten Kontaktzonen, wie Stempelstirnfläche, Fließbundradius und der Fließbund auf Reibung und
Verschleiß beansprucht. Hierbei ist die Schmierstoffverteilung
während der Umformung von Bedeutung.

Zu Beginn des Umformvorganges wird eine bestimmte Schmierstoffmenge zwischen den Kontaktflächen eingeschlossen. Während der
Umformung verändert sich der Schmierungsmechanismus, da sich
der am Anfang der Umformung eingeschlossene Schmierstoff auf die
stets wachsende, neue,aktive Oberfläche verteilen muß [25].
Dies führt zu einer Abnahme der Schmierstoffschichtdicke, wobei
zunächst noch ein Mischreibungszustand vorherrscht. Mit einer
Verringerung der Schmierstoffschichtdicke stellt sich der Grenzreibungszustand ein, der darüber hinaus zu örtlich verstärkter
metallischer Berührung führen kann. Als hauptsächlich wirkender
Verschleißmechanismus kann der Adhäsionsverschleiß angeführt
werden, dem auch hier abrasive Vorgänge überlagert sein können
(vgl. Abschnitt 4.1.1).

4.4.1   Verschleißmeßmethode und Verschleißentwicklung

Der Verschleiß an der Stempelstirnfläche und dem Fließbundradius konnte bei den vorliegenden Untersuchungen vernachlässigt
werden. Wegen eines ausreichenden Schmierstoffvolumens und gün-
stiger Schmierschichtbildung in diesem Kontaktbereich zeigte
die Stempelstirnfläche nur eine sehr geringe Verschleißeinwir-
kung. Außerdem wurde keine wesentliche Änderung der Fließbund-
radien durch Verschleiß festgestellt. Eine größere Verschleißbeanspruchung war dagegen am Fließbunddurchmesser festzustellen.

Der Fließbunddurchmesser ist der maßgebende Werkzeugbereich für
den Napfinnendurchmesser. Jede Veränderung des Fließbunddurch-
messers muß eine Veränderung des Napfinnendurchmessers zur Fol-

ge haben, so daß die Möglichkeit besteht, den Verschleißverlauf
über die Veränderung des Napfinnendurchmessers anzugeben.

Während der Fertigung wurden in regelmäßigen Abständen Näpfe
entnommen. Nach Reinigung der Näpfe wurden drei Durchmesser d_i
gemessen, die in der jeweiligen Ergebnisdarstellung angegeben
sind. Als Meßgerät wurde eine Innenmikrometer-Meßschraube mit
$\pm$ 0,005 mm Meßfehler verwendet.

Die Vorteile dieser Vorgehensweise sind:

- Kein Stillstand während der laufenden Versuchsdurchführung
  und damit keine große Temperaturschwankung des Werkzeuges.
  Nach einem Einlaufvorgang arbeitet der Fließpreßstempel bei
  nahezu konstanter Betriebstemperatur.

- Kein Stempelausbau während der laufenden Fertigung.

Damit die Übertragbarkeit der Messungen am Napf auf den Werkzeugverschleiß gewährleistet ist, muß eine Überprüfung der
Fließpreßstempel hinsichtlich Maßhaltigkeit, Rundheit, Oberflächenbeschaffenheit und Härte erfolgen.

Die Veränderung des Napfinnendurchmessers über der gefertigten
Stückzahl ist in Bild 26 dargestellt und erlaubt eine Aussage
über die Verschleißentwicklung.

Für die drei Durchmesser d_{i1}, d_{i2} und d_{i3} wurden unterschiedliche Werte gemessen, die mit den maßverändernden Einflüssen auf
die Arbeitsgenauigkeit begründet werden können.
Abgesehen von diesen Maßabweichungen weisen die Kurven für die
drei gemessenen Durchmesser einen ähnlichen Verlauf auf. Am Anfang der Fertigung ist in einem Einlaufbereich zunächst eine
Napfaufweitung festzustellen, die bereits bei ca. 100 gefertigten Teilen einen Maximalwert erreicht. Danach folgt ein kurzer
konstanter Bereich für alle drei Durchmesser. Ab einer Teilezahl
von 400 erfolgt bereits eine meßbare Abnahme des Napfinnendurchmessers, die sich über den gesamten Bereich der gefertigten
Stückzahl fortsetzt. Der Vergleich des maximalen und minimalen
Napfinnendurchmessers nach der Fertigung von (im vorliegenden
Fall) 8000 Teilen zeigt für die Durchmesserabnahmen unterschied-

liche Werte. Durch Messung des Stempeldurchmessers vor und nach
dem Einsatz konnte der über die Napfinnendurchmesser d_{i2}, d_{i3}
ermittelte Verschleißbetrag bestätigt werden. Es liegt eine

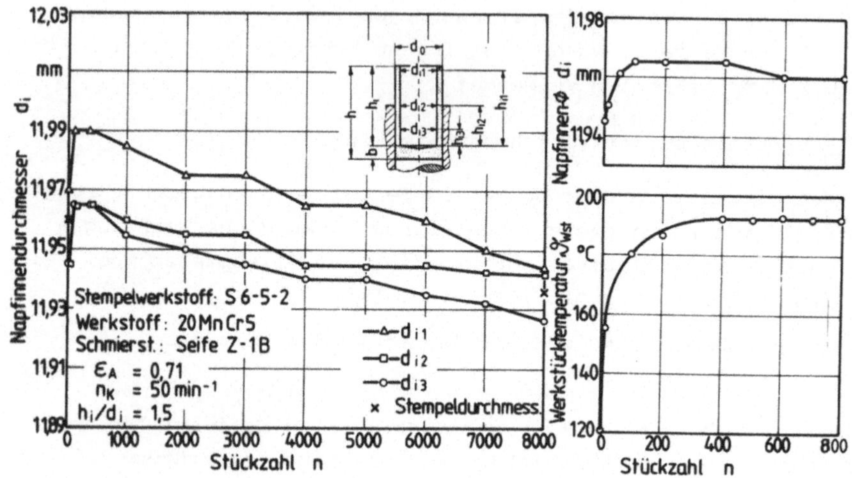

Bild 26: Verschleißentwicklung in Abhängigkeit von der Stückzahl beim Napf-Rückwärts-Fließpressen.

gleichartige tendenzielle Abnahme des Napfinnendurchmessers und
des Stempels infolge Verschleiß vor. Als Ursache für die maßli-
che Abweichung zwischen den gemessenen Napfinnendurchmessern
und dem Fließbunddurchmesser kommen z. B. Temperatureinflüsse
und elastische Formänderungen in Frage.

Die zu Beginn der Fertigung auftretende Napfaufweitung wird
hauptsächlich von der Wärmedehnung des Stempels verursacht.
Im rechten Bildteil ist der Zusammenhang von Temperatur am
Werkstück und gefertigter Teilezahl ersichtlich. Die stationäre
Betriebstemperatur stellt sich bei ca. 300 gefertigten Teilen
ein. Aber schon bei ca. 100 Teilen wird im Rahmen der Meßgenauigkeit mit den verwendeten Meßeinrichtungen die maximale
Napfaufweitung gemessen. Der Zusammenhang von Temperaturan-
stieg und maximaler Napfaufweitung bestätigt den Einfluß der

Wärmedehnung des Stempels auf den Napfinnendurchmesser im Einlaufbereich.

4.4.2   Einfluß des Schmierstoffes

Die Auswirkung unterschiedlicher Schmierstoffe auf die Abnahme
des Napfinnendurchmessers als Maß für den Stempelverschleiß ist
in Bild 27 dargestellt.

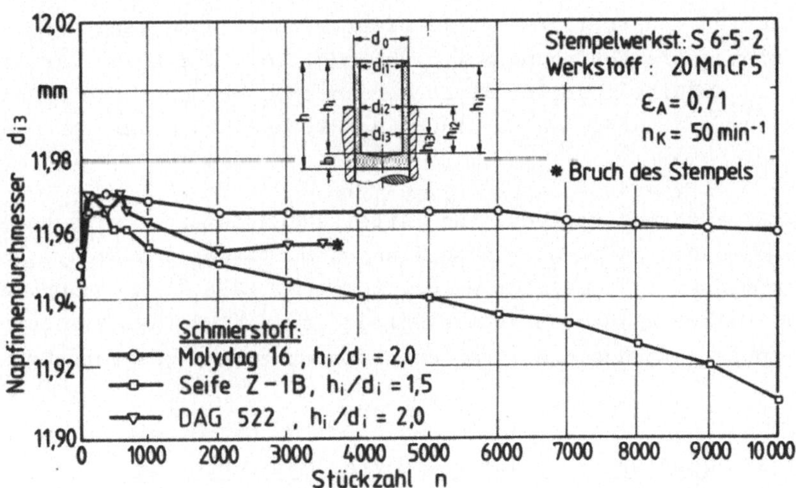

Bild 27: Napfinnendurchmesser (Stempelverschleiß) in Abhängigkeit von der gefertigten Stückzahl bei verschiedenen Schmierstoffen.

Von den drei eingesetzten Schmierstoffen weist der Festschmierstoff Molydag 16 die beste verschleißhemmende Wirkung auf. Dem-
gegenüber läßt die große Abnahme des Napfinnendurchmessers beim
Seifenschmierstoff Z-1 B tendenziell auf einen stärkeren Stempelverschleiß schließen. Durch die hohe Druckbeanspruchung und
die Temperatur in der Wirkfuge kann es zu einer Abnahme der
Schmierfähigkeit der Seife kommen, woraus der stärkere Verschleiß resultiert. Verschärfend wirkt bei den vorliegenden Ver-

suchsbedingungen, daß aufgrund von Schmierstoffversagen nur eine kleinere Napftiefe im Vergleich zu den anderen Schmierstoffen möglich war.

Beim Schmierstoff DAG 522 erfolgte bei einer gefertigten Stückzahl von ca. 3600 Stück der Bruch des Stempels. An den gefertigten Teilen wurde ein mit fortschreitender Fertigung zunehmender Mittenversatz festgestellt. Dies führte zu einer Biegebeanspruchung des Stempels während der Umformung. Nachteilig wirkte sich hier das Aufbringen des Schmierstoffes durch die Mischung von Rohteilen und Schmierstoff in einer Trommel aus (eine andere Schmierstoffaufbringung war nicht möglich). Die Folge war eine ungleichmäßige Ausbildung der Schmierstoffschicht, die einen Mittenversatz und den nachfolgenden Stempelbruch verursachen konnte.

Obwohl aufgrund der endlichen Arbeitsgenauigkeit Abweichungen zwischen der Änderung von Napfinnendurchmesser und Stempeldurchmesser festgestellt werden konnten, läßt sich dennoch eine qualitative Aussage über das Standzeitverhalten der Fließpreßstempel in Abhängigkeit von den Schmierbedingungen vornehmen.

4.4.3 Einfluß der relativen Querschnittsänderung

Neben den unterschiedlichen Reibverhältnissen infolge verschiedenartiger eingesetzter Schmierstoffe ist in Abhängigkeit von der relativen Querschnittsänderung ein unterschiedliches Verschleißverhalten des Fließpreßstempels zu erwarten.

Für die drei Werte der relativen Querschnittsänderung, die im Rahmen der Versuchsdurchführung vorgesehen waren, wurde die Veränderung des Napfinnendurchmessers über der gefertigten Stückzahl ermittelt und die Verschleißmessung am jeweiligen Stempel vorgenommen.

In Bild 28 oben sind die Durchmesseränderungen der Näpfe und der jeweiligen Fließpreßstempel in Abhängigkeit von der relativen Querschnittsänderung dargestellt (Durchmesserabnahme nach 10000 gefertigten Teilen). Es können auch hier, wie bereits in

den vorhergehenden Untersuchungen für den Schmierstoff Seife
Z-1 B, durch Messung der Napfinnendurchmesser keine absoluten
Verschleißwerte für die Fließpreßstempel angegeben werden (Einflüsse auf die Arbeitsgenauigkeit). Der über den Napfinnendurchmesser gemessene Verschleiß weist aber mit dem am Fließpreßstempel direkt gemessenen Verschleiß (bis auf den Meßpunkt
$\mathcal{E}_A = 0,45/d_{i1}$) einen tendenziell ähnlichen Verlauf auf, wobei

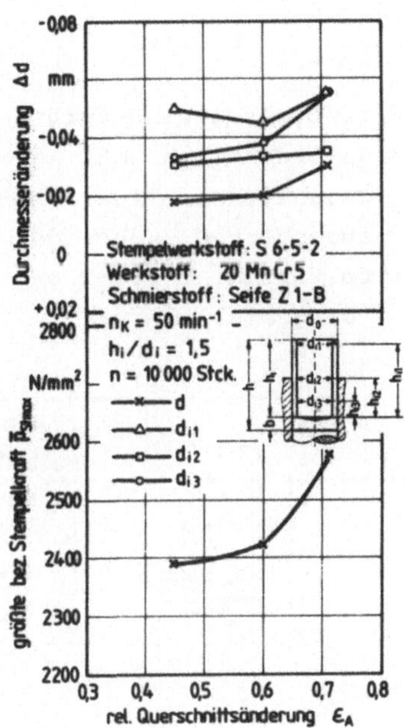

Bild 28: Durchmesseränderung als Stempelverschleiß und größte
bezogene Stempelkraft in Abhängigkeit von der relativen Querschnittsänderung.

insbesondere die Durchmesseränderung für d_{i3} mit dem Verschleiß
am Stempel gut übereinstimmt. Darüber hinaus ist zu erkennen,
daß der Verschleiß mit zunehmender Querschnittsänderung ansteigt. Durch die größer werdende Querschnittsänderung im vorliegenden Bereich nimmt die Werkzeugbeanspruchung, dargestellt
als größte bezogene Stempelkraft $\bar{p}_{Stmax}$, stark zu. Bild 28 unten

zeigt den Verlauf der größten bezogenen Stempelkraft über der relativen Querschnittsänderung. Insbesondere tritt bei einer relativen Querschnittsänderung ε_A = 0,71 eine hohe Stempelbelastung auf, die den größeren Stempelverschleiß in diesem Bereich mit verursacht. Daneben muß die mit zunehmendem ε_A größer werdende Kaltverfestigung der Napfwand berücksichtigt werden.

4.4.4 Einfluß des Stempelwerkstoffes

Beim Napf-Rückwärts-Fließpressen sind aufgrund der extrem hohen Werkzeugbelastungen außerordentlich hohe Anforderungen an den einzusetzenden Werkzeugstahl zu stellen. In Bild 29 ist die Abnahme des Napfinnendurchmessers d_{i3} über der gefertigten Stückzahl für den Schnellarbeitsstahl S 6-5-2 und dem Kaltarbeitsstahl X 155 CrVMo 12 1 dargestellt.

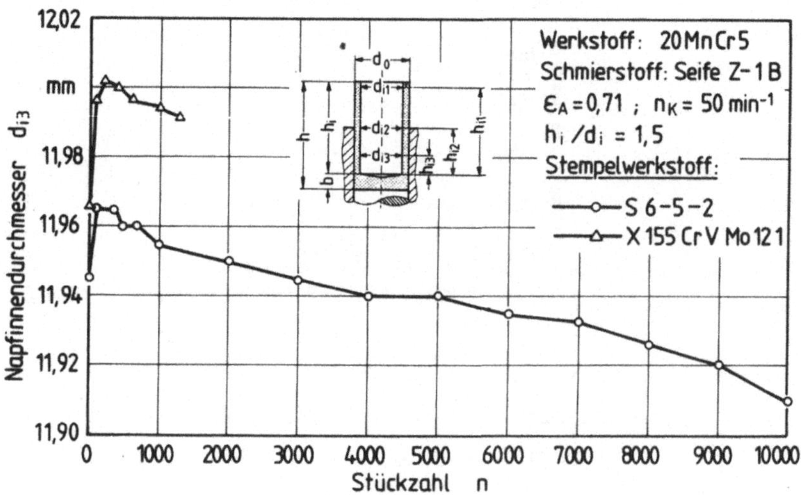

Bild 29: Änderung des Napfinnendurchmessers (Stempelverschleiß) in Abhängigkeit von der Stückzahl bei unterschiedlichen Werkzeugwerkstoffen.

Bereits der Vergleich im Einlaufbereich zeigt, daß beim Kaltarbeitsstahl eine wesentlich größere Napfaufweitung vorliegt.
Neben der Wärmedehnung des Stempels ist dies auf ein Aufstau-
chen im Anfangsbereich der Fertigung zurückzuführen. Bei ca.
1300 gefertigten Teilen mußte der Versuch beendet werden, da infolge der hohen Umformkraft der Stempel durch Überlastung ver-
bogen war. Eine mögliche Härteabnahme infolge hoher Temperaturen in der Wirkfuge wurde nicht festgestellt. Ferner konnten
keine härtetechnisch bedingten Fehler ermittelt werden.

Da durch die Aufstauchung und Verbiegung der Einfluß des Stem-
pelverschleißes unkontrolliert beeinflußt wurde, war in diesem
Fall keine eindeutige Verschleißermittlung möglich. Dagegen
konnte mit dem Schnellarbeitsstahl S 6-5-2 selbst bei Stempelbelastungen von über 2500 N/mm² eine zufriedenstellende Standmenge erreicht werden. Demnach ist der Kaltarbeitsstahl bei den
hier vorherrschenden Bedingungen dem Schnellarbeitsstahl unter-
legen.

4.4.5   Einfluß des Werkstückwerkstoffes

Beim Stauchen zwischen ebenen Bahnen konnte der Einfluß des
Werkstückwerkstoffes auf den Stauchbahnverschleiß nachgewiesen
werden. In den bereits vorgestellten Ergebnissen führten höhere
Stempelbelastungen beim Napf-Rückwärts-Fließpressen zu größerem
Stempelverschleiß. Daher ist auch beim Fließpressen von
20 MnCr 5 im Vergleich zum Ck 15 mit einem ungünstigeren Verschleißverhalten zu rechnen.

In der folgenden Untersuchung wurden die Werkstückwerkstoffe
20 MnCr 5 und Ck 15 hinsichtlich ihrer Auswirkungen auf den
Stempelverschleiß überprüft. Als Stempelwerkstoff wurde der
auch bisher verwendete Schnellarbeitsstahl S 6-5-2 eingesetzt.
Die Ergebnisse zeigt Bild 30. Es sind die Napfinnendurchmesser
d_{i3} über der gefertigten Stückzahl für zwei Schmierstoffe in
Einzeldiagrammen gegenübergestellt. Mit zunehmender Stückzahl
ist eine stärkere Abnahme des Napfinnendurchmessers für den
Werkstückwerkstoff 20 MnCr 5 bei beiden verwendeten Schmierstoffen festzustellen.

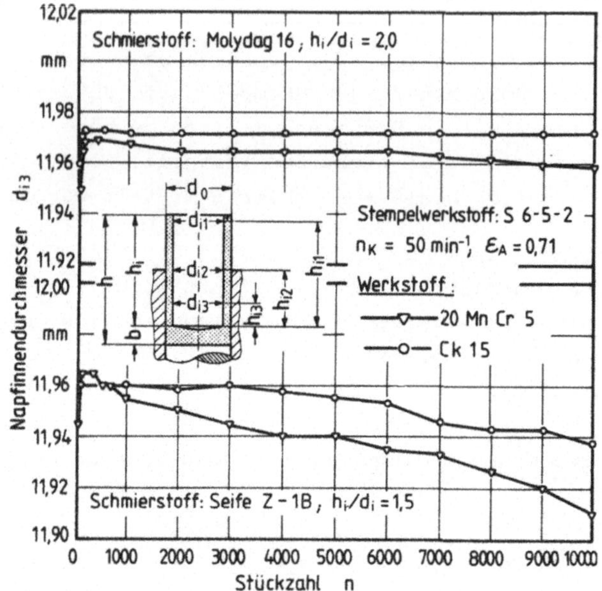

Bild 30: Veränderung des Napfinnendurchmessers (Stempelverschleiß) in Abhängigkeit von der Stückzahl bei unterschiedlichen Werkstückwerkstoffen.

Einen überschaubaren Vergleich bietet jedoch das Balkendiagramm
Bild 31. Als Standzeitkriterium wurde eine Abnahme des Napfinnendurchmessers von 0,02 mm ($\triangle d_{i3}$ = 0,02 mm) festgelegt. Bis
zu dem gewählten Standzeitkriterium konnten bei sonst gleichen
Versuchsbedingungen 9500 Näpfe aus dem Werkstoff Ck 15 gegenüber 3000 Näpfen aus 20 MnCr 5 gefertigt werden. Diese deutlich
größere Standmenge beim Ck 15 bestätigt den Einfluß der Fließspannung auf das Verschleißverhalten der Fließpreßstempel.

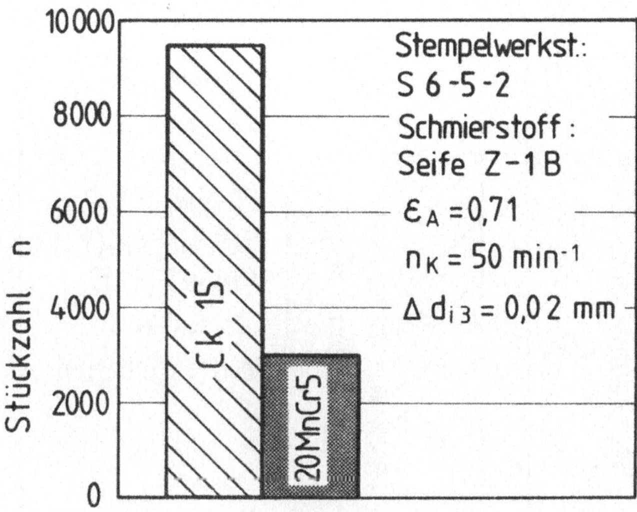

Bild 31: Standmenge bei unterschiedlichen Werkstückwerkstoffen.

4.4.6   Einfluß der Maschinenhubzahl

Bild 32 zeigt, daß bei dem hier gewählten Standzeitkriterium von Δd_{i3} = 0,02 mm nur ein geringfügiger Unterschied in der gefertigten Stückzahl vorliegt. Bei einer Hubzahl n_K = 50 min^{-1} werden bis zum Erreichen des Standzeitkriteriums 3 500 Teile gefertigt, bei der Hubzahl n_K = 27 min^{-1} 4 000 Teile. Diese geringe Standmengenverbesserung beim Übergang auf die Hubzahl n_K = 27 min^{-1} wird mit dem doppelten Zeitaufwand für die Fertigung erkauft. Daher muß in jedem Falle unter Berücksichtigung technologischer und wirtschaftlicher Gesichtspunkte geprüft werden, ob in diesem Zusammenhang eine Fertigung mit niedrigerer Hubzahl sinnvoll ist.

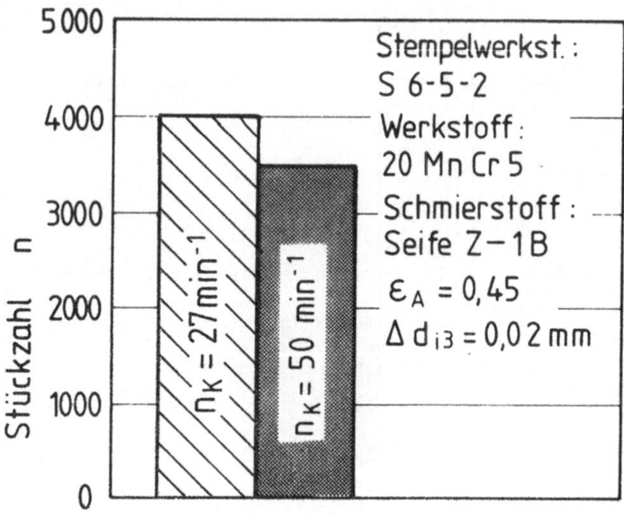

Bild 32: Standmenge bei unterschiedlichen Maschinenhubzahlen.

4.5 Oberflächenbeschaffenheit

Neben der Maßtoleranz ist die Oberflächenbeschaffenheit ein wichtiges
Kriterium für die Qualität des Fertigteiles. Bei zunehmendem
Verschleiß wird auch die Oberflächenrauheit am Fließbund des
Stempels bzw. an der Napfinnenwand zunehmen. Die gemittelte
Rauhtiefe R_z über der gefertigten Stückzahl bei den Schmierstoffen Molydag 16 und Seife Z-1 B ist in Bild 33 dargestellt.
Die Werte sind für die jeweils angegebene Meßhöhe gegenübergestellt. Es zeigt sich, daß R_z für beide Schmierstoffe mit
steigender Stückzahl (zunehmendem Verschleiß) zunimmt. Im übri-
gen werden beim Seifenschmierstoff gegenüber Molydag 16 wesentlich schlechtere Oberflächenrauheiten erzielt.

Aussagen über die Rauheitsmeßgrößen in Abhängigkeit von der

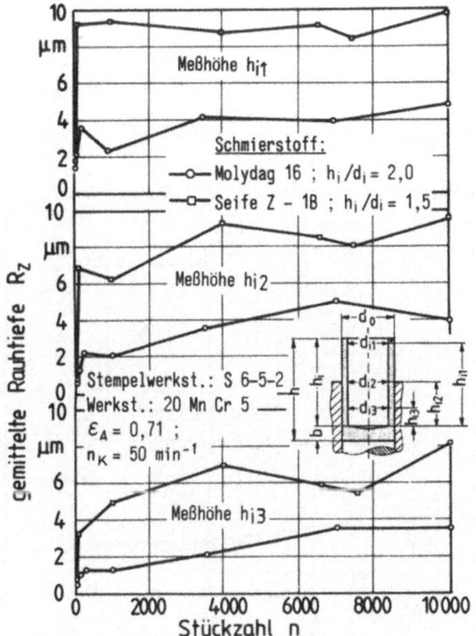

Bild 33: Gemittelte Rauhtiefe in Abhängigkeit von der Stückzahl bei verschiedenen Schmierstoffen.

relativen Querschnittsänderung können aus Bild 34 entnommen
werden. Die Gegenüberstellung der gemittelten Rauhtiefe R_z im
im Bereich der Napfhöhe h_{i3} und am Fließbund des Stempels zeigt,
daß für $\mathcal{E}_A$ = 0,45 und $\mathcal{E}_A$ = 0,6 die R_z-Werte am Stempel nach
der Fertigung von 10 000 Teilen geringfügig unter den R_z-Wer-
ten der Näpfe liegen. Dagegen weist der Napf gegenüber dem
Stempel für $\mathcal{E}_A$ = 0,71 wesentlich günstigere R_z-Werte auf,
möglicherweise verursacht durch eine Einebnung der Rauheitsspitzen infolge höherer Spannungen. Vor allem ist festzustellen, daß auch die am Fließbund gemessenen R_z-Werte mit zunehmender relativer Querschnittsänderung abnehmen. Auch der Mittenrauhwert R_a nimmt mit zunehmender relativer Querschnittsänderung ab. Die eingesetzten Stempel hatten im Anfangszustand
eine nahezu gleiche Oberflächenbeschaffenheit.

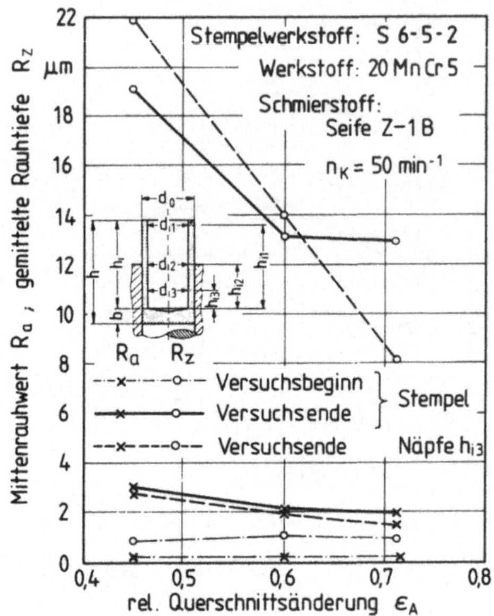

Bild 34: Mittenrauhwert und gemittelte Rauhtiefe in Abhängigkeit von der relativen Querschnittsänderung.

4.6 Stempelkraft und Kraft-Weg-Verlauf

Da eine größere Oberflächenrauheit zu einem höheren Reibkraft-
anteil führt, ist mit zunehmender Stückzahl infolge der größeren Reibung ein Anstieg der Stempelkraft zu erwarten. Bild 35
zeigt die maximale Stempelkraft F_{Stmax} über der gefertigten
Stückzahl. Im oberen Bildteil sind die nach 10 000 gefertigten Teilen ermittelten Kraft-Weg-Verläufe dargestellt. Diese ge-
statten eine Aussage über die Schmierfähigkeit eines Schmierstoffes während der Umformung.

Bei Molydag 16 steigt zu Beginn des Umformvorganges die Kraft
schnell auf den Maximalwert an und nimmt dann bis zum Ende des
Umformvorganges nur geringfügig ab. Dieser Kraft-Weg-Verlauf
deutet auf gute Schmierbedingungen über den gesamten Umformweg
hin. Beim Seifenschmierstoff Z-1 B ist im Vergleich zu Molydag
16 eine niedrigere Stempelkraft ersichtlich, die nach einem na-

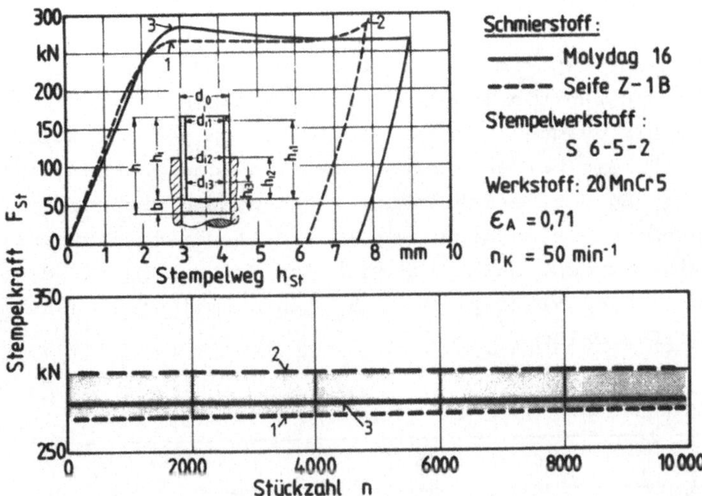

Bild 35: Kraft-Weg-Verlauf und maximale Stempelkraft in Abhängigkeit von der Stückzahl.

hezu konstanten Verlauf am Ende des Umformvorganges stark ansteigt. Dieser Kraftanstieg kann auf die Abnahme der Schmierfähigkeit zurückgeführt werden, die sich auf Verschleiß und Oberflächenbeschaffenheit des Werkzeuges auswirkt.

Die zu Beginn des Umformvorganges ermittelten Kräfte wurden über der gefertigten Stückzahl aufgetragen. Für Molydag 16 ist bei niedrigem Stempelverschleiß kein Anstieg der Stempelkraft über der Stückzahl festzustellen, während für die Seife ein schwacher Anstieg der Stempelkraft erfolgt.

Bei der Seife tritt durch eine starke Abnahme an Schmierstoffschichtdicke am Ende des Umformvorganges verstärkt Festkörperreibung auf, die zu einem Anstieg der Stempelkraft führt. Der Anstieg der Stempelkraft unterliegt im Verlauf der Fertigung größeren Schwankungen (durch die gestrichelten Geraden 1 und 2 dargestellt).

Die große Zahl von Einflußfaktoren auf den Werkzeugverschleiß
läßt nur eine experimentelle Ermittlung des Verschleißverhaltens
zu. Dabei müssen hinsichtlich einer Verschleißsimulation Kom-
promisse eingegangen werden, die letztlich jeder Simulation an-
haften. Für die beiden eingesetzten Versuche können unter Ver-
nachlässigung der Verfahrensunterschiede und der unterschiedlichen Verschleißmeßmethoden Parallelen im Verschleißverhalten
aufgezeigt werden. Beim Vergleich der Ergebnisse für die beiden
Versuche (Bild 36) zeigt sich ein tendenziell gleichartiges
Verschleißverhalten.

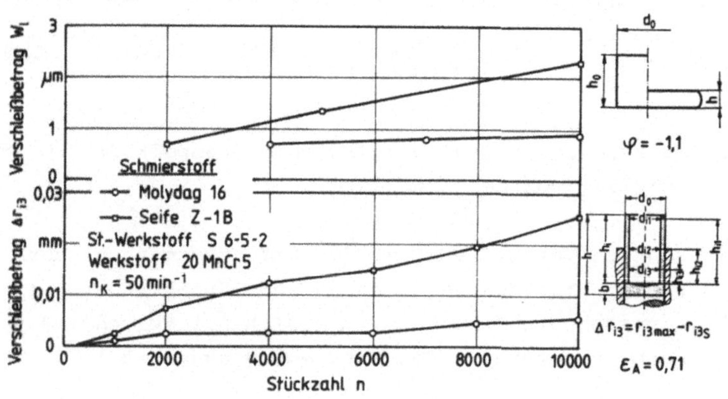

Bild 36: Vergleich Napf-Rückwärts-Fließpressen - Stauchen:
         Werkzeugverschleiß bei verschiedenen Schmierstoffen .

Im oberen Bildteil ist für das Stauchen der lineare Verschleißbetrag über der Stückzahl dargestellt. Im unteren Bildteil ist
für das Napf-Rückwärts-Fließpressen als Verschleißbetrag die
Radienänderung des Napfinnendurchmessers über der Stückzahl
aufgetragen. Die Radienänderung Δr_{i3} ergibt sich als Differenz
aus dem Radius bei der maximalen Napfaufweitung r_{i3max} und dem
Radius der momentan gefertigten Stückzahl r_{i3S}.

Zwar ist der absolute Wert des Verschleißbetrages für die beiden Versuche unterschiedlich, doch zeigt sich am Beispiel unterschiedlich eingesetzter Schmierstoffe (Bild 36) eine tendenzielle Übereinstimmung im Verschleißverhalten der Werkzeuge. Diese tendenzielle Übereinstimmung wurde auch durch die Variation der Parameter Werkzeugwerkstoff, Werkstückwerkstoff und Maschinenhubzahl weitestgehend bestätigt.

Unter den vorliegenden Bedingungen und erwähnten Einschränkungen kann demnach das Stauchen zwischen ebenen Bahnen zumindest für eine qualitative Entscheidung - besseres oder schlechteres Verschleißverhalten eines tribologischen Systems - als Verschleißsimulationsversuch eingesetzt werden. Die verfahrensspezifischen Eigenschaften des Napf-Rückwärts-Fließpressens, Maß- und Formabweichungen, Stempelaufstauchungen, Stempelbruch und Oberflächenbeschaffenheit können mit dem Stauchen zwischen ebenen Bahnen natürlich nicht erfaßt werden. Somit sind einer universellen Verschleißsimulation für das Stauchen zwischen ebenen Bahnen für alle Verfahren der Massivumformung Grenzen gesetzt.

In zwei Modellversuchen - Stauchen zwischen ebenen Bahnen und
Napf-Rückwärts-Fließpressen - wurde unter fertigungsähnlichen
Bedingungen in Abhängigkeit von Werkzeugwerkstoff, Werkstück-
werkstoff, Temperatur, Schmierstoff und Werkzeugbelastung,der
Werkzeugverschleiß ermittelt. Die gewonnenen Erkenntnisse er-
möglichen es, Maßnahmen zur Verringerung des **Werkzeugver-**
schleißes in der Massivumformung und eine gezielte Auswahl der
Werkzeuge für den jeweiligen Anwendungsfall zu treffen.

Beim Stauchen zwischen ebenen Bahnen wurde in Abhängigkeit von
der mechanischen und thermischen Beanspruchung ein ckarakte-
ristisches Verschleißprofil der Stauchbahn ermittelt, wobei der
lineare Verschleißbetrag für die Ergebnisdarstellung eingesetzt
wurde.

Beim Napf-Rückwärts-Fließpressen wurde der Verschleiß über die
Veränderung des Napfinnendurchmessers gemessen. Ein Vergleich
mit dem Stempeldurchmesser im Ausgangs- und Endzustand zeigte
eine gute tendenzielle Übereinstimmung mit der Abnahme des
Napfinnendurchmessers. Von den bei Raumtemperatur eingesetzten
Schmierstoffen zeigte der Festschmierstoff mit lamellarer
Schichtgitterstruktur die beste verschleißhemmende Wirkung. Er
ermöglicht speziell beim Napf-Rückwärts-Fließpressen die Ausnutzung der Verfahrensgrenzen hinsichtlich des h/d-Verhältnis-
ses.

Beim Vergleich des Schnellarbeitsstahles S 6-5-2 und des Kalt-
arbeitsstahles X 155 CrVMo 12 1 zeigte sich die Überlegenheit des
Schnellarbeitsstahles in einem besseren Verschleißverhalten,
besonders auch bei höheren Werkzeugbelastungen. Im Bereich
niedrigerer Belastung kann aus Kostengründen auch der Kaltarbeitsstahl empfohlen werden.

Eine gezielte Auswahl von Werkstückwerkstoffen mit niedrigerer Fließspannung, die den Fertigungsanforderungen genügen,
sowie eine kleine relative Querschnittsänderung beim Napf-Rückwärts-Fließpressen hat eine niedrigere Werkzeugbelastung und
somit geringeren Werkzeugverschleiß zur Folge.

Durch Herabsetzen der Maschinenhubzahl von $n_k = 50$ min^{-1} auf
$n_k = 27$ min^{-1} konnte bei der Kaltumformung eine geringe Standmengenverbesserung erzielt werden. Die Zweckmäßigkeit einer Verringerung der Hubzahl bedarf aber einer Prüfung nach wirtschaftlichen Gesichtspunkten, da die geringe Standmengenverbesserung
mit der doppelten Fertigungszeit verbunden ist.

Entscheidende Einflußgröße auf die Verschleißentwicklung bei
der <u>Halbwarmumformung</u> ist die thermische Beanspruchung der
Werkzeuge. Mit steigender Temperatur nimmt der Werkzeugverschleiß stark zu.

Besondere Anforderungen stellt die Halbwarmumformung an die
Schmierstoffe und Werkzeugwerkstoffe. Für die bei der Halbwarmumformung eingesetzten Schmierstoffe wurden in Abhängigkeit
von der Zusammensetzung unterschiedliche Auswirkungen auf das
Verschleißverhalten beobachtet.

Für den Warmarbeitsstahl X 63 CrMoV 5 1 wurde bei einer Tempera-
tur von 650 °C und relativ niedrigen Druckspannungen ein starker
Werkzeugverschleiß festgestellt. Beim Schnellarbeitsstahl
S 6-5-2 liegt ein weit besseres Verschleißverhalten vor.

Anders als bei der Kaltumformung kann durch Erhöhung der
Maschinenhubzahl (kleinere Druckberührzeit) der Werkzeugverschleiß vermindert und damit die Standmenge erhöht werden.

Ein Vergleich der Ergebnisse für die beiden Umformversuche bei
<u>Raumtemperatur</u> zeigte trotz des unterschiedlichen Zusammenwir-
kens der Einflußgrößen ein tendenziell gleichartiges Verschleißverhalten der Werkzeuge. Das Stauchen zwischen ebenen Bahnen
kann demzufolge mit Einschränkungen als Verschleißsimulation
für Verfahren der Massivumformung eingesetzt werden. Es wäre
aber wünschenswert, die Messung des Verschleißes über Maßabweichungen durch ein empfindlicheres physikalisches Kurzprüf-
verfahren zu ersetzen, welches den Verschleißnachweis
schon nach niedrigen gefertigten Stückzahlen gestattet.

Schrifftum

[1]   Lange, K., Meyer-Nolkemper, H.: Gesenkschmieden. Berlin/
       Heidelberg/ New York: Springer 1977.

[2]   Schlowag, E., Quaas, J.: Untersuchung zum Verschleißver-
       halten von Stempeln beim Rückwärts-Kaltfließpressen von
       Näpfen mittels radioaktiver Isotope, Umformtechnik 9
       (1975) 4, S. 14 - 20.

[3]   Heinke, G., Heinz, R., Thiel, I.: Betriebserfahrungen
       mit tribotechnischen Modell- und Bauteilversuchen.
       Schmiertechnik + Tribologie 28 (1981) 3.

[4]   Broszeit, E.: Modell-Verschleißprüftechnik. VDI-Bericht
       Nr. 194 (1973) S. 45 - 56.

[5]   Lange, K., Gräbener, Th.: Untersuchung der Möglichkeiten
       für eine technologische Schmierstoffprüfung für Verfah-
       ren der Kaltmassivumformung. Dokumentation vom For-
       schungs- und Entwicklungsprogramm des BMFT, Tribologie:
       Reibung-Verschleiß-Schmierung, Band 1. Berlin/ Heidel-
       berg/ New York: Springer 1981.

[6]   Lange, K.: Lehrbuch der Umformtechnik - Massivumformung.
       Band 2. Berlin/ Heidelberg: Springer 1974.

[7]   Wuttke, W.: Modelluntersuchungen für Reibungs- und
       Verschleißprozesse bei Verfahren der Massivumformung,
       Schmierungstechnik 7 (1976) 12, S. 365 - 371.

[8]   Ali, S. M. J., Rooks, B. W., Tobias, S. A.: The effect
       of dwell time on die wear in high-speed hot forging.
       Proc. Instn. Mech. Engrs. 185 (1971) 83, S. 1171 - 1186.

[9]   Rooks, B. W., Tobias, S. A., Ali, S. M. J.: Some aspect
       of die wear in high-speed hot forging. Advances in
       Machine Tool Design and Research. Oxford and New York:
       Pergamon Press 1971.

[10]   Thomas, A.: The wear of drop forging dies. Tribology in
       iron and steel works. I.S.I. preprint 125, S. 55 bis 61.

[11]   Nittel, J.: Kurzzeitverschleißprüfung von Hartmetallen
für Schneid- und Umformwerkzeuge. Umformtechnik Zwikau
14 (1980) 2 S. 16 - 20.

[12]   Habig, K. H.: Die Verschleißmechanismen von Metallen
und Maßnahmen zu ihrer Bekämpfung. Z. Werkstofftechnik 4
(1973) 2 S. 33 - 40.

[13]   Czichos, H., Habig, K. H.: Grundvorgänge des Verschleißes
metallischer Werkstoffe - Neuere Ergebnisse der Forschung - VDI-Berichte Nr. 194 (1973) S. 23 - 31.

[14]   Geiger, R., Dannenmann, E., Stefanakis, J.: Untersuchun-
gen zum Halbwarmfließpressen von Stahl. Bericht aus dem
Institut für Umformtechnik, Universität Stuttgart,
Nr. 41, Girardet Essen: 1976.

[15]   Kudo, H., Tsubouchi, Y., Fukuhara, Y.: Determination
of Friction and Wear Characteristices of some lubricante
and Tool Materials for Cold Forging with the Simulation
Testing Machine. Anuals of the CIRP Vol. 28/1 (1979).

[16]   Melching, R.: Verschleiß, Reibung und Schmierung beim
Gesenkschmieden, Dr.-Ing.-Diss. 1980, Techn. Universität Hannover.

[17]   Diether, U.: Fließpressen von Stahl im Temperaturbereich
773 K (500 °C) bis 1073 K (800 °C). Bericht aus dem
Institut für Umformtechnik, Universität Stuttgart, Nr.
54 Berlin/ Heidelberg/ New York Springer 1980.

[18]   Müller, H. A., Schneider, R.: Untersuchungen über Ver-
preßbarkeit und Werkzeugverschleiß beim Fließpressen
von Aluminium. Metall 17 (1963) 5 S. 430 - 432.

[19]   Kloos, K. H.: Der Reibungs- und Adhäsionsvorgang in der
Kaltumformung. Metalloberfläche 16 (1962) 4 S. 102 - 108.

[20]   Wiegand, H., Kloos, K.-H.: Der Kaltstauchversuch als
Modellumformverfahren zur Erfassung der Reibungs- und
Oberflächenvorgänge. Werkstattstechnik 56 (1966) 3,
S. 129 - 137.

[21]   Ilinc, L.: Der Verlauf von Reibungszahl, Übergangswider-
        stand und Verschleiß in einem Reibpaar Stift auf Scheibe.
        Erdöl und Kohle 26 (1970) 1, S. 31 - 37.

[22]   Bowden, F. P., Tabor, D.: Reibung und Schmierung fester
        Körper. Berlin/ Göttingen/ Heidelberg. Springer 1959.

[23]   Dyke, N.: Grundprobleme und Lösungen beim Halbwarmumfor-
        men von Stählen. VDI-Bericht Nr. 266 (1976) S. 101 - 109.

[24]   Becker, H.-J.: Stähle für Werkzeuge. Tagungsband zum
        Seminar Neuere Entwicklungen in der Massivumformung,
        Juni 1981, Forschungsgesellschaft Umformtechnik mbH,
        Stuttgart.

[25]   Vamos, E., Valsek, I., Eleöd, A.: Bewertung von Schmier-
        stoffen für die spanlose Formung. Schmierungstechnik 9
        (1978) 5 S. 141 - 144.

[26]   Wuttke, W., Kampf, S., Solond, D.: Verschleiß in der
        Massivumformung. Draht 1973/3 S. 107 - 110.

[27]   Thomson, J. F.: Performance of High Speed Steel Punches
        in Backward Extrusion of Cans. NEL-Report. Department of
        Industry National Engineering Laboratory.

[28]   Geiger, R.: Oberflächenbehandlung für das Kaltumformen
        von Stahl. Tagungsband zum Seminar Neuere Entwicklungen
        in der Massivumformung, Juni 1981, Forschungsgesell-
        schaft Umformtechnik, Stuttgart.

[29]   Vetter, H.: Neues Schmierverfahren zum Kaltfließpressen
        von Stahl. Industrie Anzeiger 99 (1977) S. 409 - 411.

[30]   Billigmann / Feldmann: Stauchen und Pressen, Carl Hanser
        Verlag München 1973.

[31]   DIN 50320: Verschleiß-Begriffe-System-Analyse von Ver-
        schleißvorgängen - Gliederung des Verschleißgebietes.
        Beuth, Dez. 1979.

Die Berichte 1 bis 50 sind zu beziehen durch das Institut für Umformtechnik. Holzgartenstr 17, 7000 Stuttgart 1

Die Berichte 51 und folgende sind zu beziehen durch den Springer-Verlag, Berlin Heidelberg New York Tokyo